# 你很好

## 让你通透幸福的5种关系

丽娴 著

電子工業出版社
Publishing House of Electronics Industry
北京 · BEIJING

**图书在版编目（CIP）数据**

你很好 ： 让你通透幸福的5种关系 / 丽娴著. 北京 ： 电子工业出版社，2025. 8.（2025.9 重印）. -- ISBN 978-7-121-50695-6

Ⅰ. B821-49

中国国家版本馆CIP数据核字第2025TY3850号

责任编辑：滕亚帆
印　　刷：河北迅捷佳彩印刷有限公司
装　　订：河北迅捷佳彩印刷有限公司
出版发行：电子工业出版社
　　　　　北京市海淀区万寿路173信箱　　　　邮编：100036
开　　本：880×1230　1/32　印张：6.75　字数：220千字
版　　次：2025年8月第1版
印　　次：2025年9月第3次印刷
定　　价：79.80元

凡所购买电子工业出版社图书有缺损问题，请向购买书店调换。若书店售缺，请与本社发行部联系，联系及邮购电话：（010）88254888，88258888。

质量投诉请发邮件至zlts@phei.com.cn，盗版侵权举报请发邮件至dbqq@phei.com.cn。

本书咨询联系方式：faq@phei.com.cn。

# 推荐序

丽娴邀请我为本书写序，我深感荣幸。

我想对读者朋友们说九句话：

一、与丽娴认识多年，见过很多次面，我可以很负责地说，她是一个特别美好的人。

二、她是一位成功的商人，还是一位生活的诗人和实战派幸福哲学家。

三、她有丰富的经历和深刻的思想，还有一颗充满慈悲和爱的心。

四、她是众多女性朋友的知音，通过帮助她们，也更好地照见自己。

五、难能可贵的是，即使已经生活得很富足了，她仍然带着极大的热情不断突破自我。

六、这本书凝聚了她多年的智慧结晶，文笔很朴实，内容很宝贵。

七、如果你正在寻找变强大、富足的密码，请重视这本书。

八、如果你能成为丽娴的朋友、同事或学生，恭喜你，你很幸运。

九、祝本书大卖，祝读者朋友们幸福安康。

剽悍一只猫　畅销书《一年顶十年》作者

# 推荐语

丽娴老师所到之处，大家最常称呼她为“爱神”，她活出了爱的本质与神圣的能量，她也是我身边最通透、最具智慧的超级代表。

如今，她将多年的心理学实践与人生智慧沉淀在这本书中。我强烈推荐你把这本书作为枕边书，这本“答案之书”会让你常翻常喜，其中有你想要的变得幸福、富足、通透的密码。

一伊　畅销书《大卖》作者

《你很好》是一本少见的心灵成长指南，丽娴老师以特有的真实洞见，带领读者探索人生中至关重要的 5 种关系。无论是亲密关系中的边界与共生、亲子关系中的传承与成长、原生家庭的影响与和解、财富背后的价值与安全感，还是与自我对话的接纳与勇气，这本书都提供了清晰而实用的路径。

作为一名资深的心理学从业者，我尤其欣赏书中将专业理论与真实生活案例巧妙融合，既不失深度，又充满温度，让每一页都展现着丽娴对生命的理解与智慧。

如果你正试图在关系中找到平衡与自由，这本书会轻轻地对你说：“你很好，而且可以更好。”

强烈推荐给每一位在关系中修行的读者。

刘仁圣（6哥）　畅销书《亲密关系的秘密》译者、企业心法研讨会创办人

丽娴老师带着16年的商业智慧与生命淬炼，温柔献上《你很好》这部作品，它通过78个生活课题，重构自我、亲密、亲子、原生家庭与金钱5种关系。它不是一本让你“变得更好”的手册，而是一面帮你记起“自己本来就很好”的生命真相之镜。让我们翻开它，在通透中拥抱富足、美丽、幸福的人生吧！

一芳　畅销书《KET阅读通关5堂课》作者

丽娴的这部著作是献给每位女性的生命礼物。她用16年的时间完成了从商战到心灵疗愈的蜕变，并向我们揭示了幸福的本质——所有关系皆是与自我的和解。书中的78个生活课题如温柔刀锋，剖开了自我、亲密、亲子、原生家庭、金钱5大关系的迷雾。作为朋友，我见证过她卸下“女超人”的铠甲，活出通透丰盛的模样。这是一本她真正的实践之书，我真诚推荐给你。

高太爷　《意志力红利》作者

我认识丽娴多年，既是她的老师，也是她的朋友。我见证她一路走来，用文字安放情绪、梳理生活，疗愈自己与他人。这本书就像她本人一样，直率又带有锋芒，犀利而不失真情，在平凡中流淌着细腻的情感与思索。她写人、写心，也写下每个人都可能经历的低潮与重生，字里行间蕴含着她对世界的温柔凝视与理解。我始终相信，她的文字会在某个刚刚好的时刻，陪伴并照亮需要帮助的人。身为亦师亦友，我为她感到骄傲，也由衷地将这部真挚动人的作品分享给每一位读者。

冯志德　畅销书《钱意识》作者

丽娴姐的这本书是一部难得的能帮助我们“梳理关系，回归自我”的作品。书中没有说教，只有温柔地邀请读者“看见真实的自己，进而做出愿意为之负责的选择”的建议。在我看来，这本书堪称一部“关系修复指南”，不仅值得反复品读，还能让你在迷茫或关系受困时随手翻阅——每一页都可能隐藏着答案，或是能唤醒你内心那份尚未觉察的确定感。

作为本书的策划顾问，我有幸陪伴丽娴姐经历从构思到成书的全过程，见证了她如何将多年的实践洞察浓缩成一个个简洁而深刻的课题。这不仅是丽娴姐的一本书，还是她的一场“看见自己”的心灵之旅。

老秦　艾迪鹅品牌咨询创始人、
爆款畅销书策划顾问、畅销书作者

丽娴是我认识多年的资深关系专家，也是一位专业又知性的创作者。读完新书，酣畅淋漓，收获巨大。人生的通透都来自于关系的幸福，这本书不仅展示了丽娴总结的经营人生幸福的 5 种关系，更让我看到了人生通透之路的密码，强烈推荐。

特立独行的猪先生
企业私域营销顾问、超级商业个体

认识丽娴姐是一种幸运。她是那种聊十分钟就能让人安心的人——没有评判，没有标签，只是真实地听你、懂你、“接”住你。

她写《你很好》，不是为了教你什么，而是站在你身边，陪你一起看见那个本就很好的自己。字里行间没有一句多余的话，却句句走心。

她不像一个作者，更像你生命里的老朋友，穿过人群坐下来，只为轻声说一句：“你很好。”我真心推荐这本书，也推荐这位值得信任的作者——丽娴姐。

易兴
“三十万个大学生”品牌创始人、《成为 1%》作者

# 序言

## 看见生命本来的光芒

亲爱的朋友：

当你翻开这本书时，我想先对你说一句：“你很好。”

这不是一句客套的安慰，而是一个被太多人遗忘的生命真相——你原本就很好，就像春天里自然绽放的花朵，不需要任何理由就足够美好。

我是丽娴，一名女性商业顾问，经商16年，曾经有过8个月创下1500万元的战绩，带领300多名女性创富的高光时刻，也有过独自一人扛下所有的压力和焦虑，充满无助和抑郁的时刻。

总有人跟我说“丽娴，你真幸福”，有经营了十几年自己热爱的事业，有结婚近20年仍甜蜜如初的爱情，还有三个懂事的孩子。

在我看来，人世间最大的幸福，不是耀眼的舞台和成绩，而是能真正地做自己。

做自己是人生最好的活法。

## 赢了世界，丢了自己

年轻的时候，我以为真正地做自己，就是向别人证明我也可以。我出生在广东一个传统的家庭，从小就被灌输“男性比女性重要”的观念。但我不甘心，坚信女性同样可以成为太阳。

21岁，我用8个月的时间，从行政文员做到管理部总监。

23岁，我拥有自己的美容会所，它是当地第一个五星级会所。

25岁，我跟着世界心理学大师杰夫·艾伦学习关系心理学。

26岁，我开始钻研营销，在一场700人的线下大会上，我的一封销售信让200多人成为我的会员。

33岁，因为看了一本书，我不顾同行与家人的反对，带着3个人做线上业务。8个月后，我们的团队做到了300多人，创下了1500万元的业绩。

然而，在聚光灯下的女超人卸下盔甲后，早已满身伤痕。

有一天，我突然感到胸口痛，老公陪我去医院做检查。医生跟我说：“你乳腺有问题，再这样下去连命都不要啦！”我十分错愕，很恐慌。我的人生才刚刚开始，难道就这么毁了吗？为了证明自己，我努力工作，经常一天奔波在两三个城市之间，如今我赢了世界，但却输掉了自己。

## 所有关系，都是与自己的关系

工作上，每当核心员工提出离职，我都会陷入深深的自我怀疑。我会把自己关在家里好几天，反复追问：是我哪里做得不够好吗？为什么总是留不住他们？生活中，我一边忙事业，一边照顾三个孩子，常常忙得焦头烂额，在崩溃的边缘徘徊，跟伴侣的关系也因生活琐事摩擦不断，争吵也越来越多。

曾经，我以为自己是无所不能的“女超人”，可后来才明白，我也只是一个普通的女性。我也会被否定，会有情绪，会感到孤独和恐惧。

直到有一天，“人与人心理学”的冯老师跟我说：“丽娴，你所有的关系，其实都是跟自己的关系。”

那一刻，我心中如醍醐灌顶。我开始觉察自己——原来每一次冲突，每一次崩溃，每一次自我怀疑，都是内在成长的契机。那个因为不懂设定边界而总是自我否定的我，终于学会了说“不”；那个在亲密关系中被情绪左右的我，开始懂得关系比输赢更重要；那个面对孩子教育束手无策的我，渐渐学会相信他们本自具足的生命力。

当我真正放下输赢和证明时，才恍然大悟：过去所有的坎坷，原来都是生命馈赠的礼物。

见过天地，见过众生，方能见自己。

## 做自己，近悦远来

2020 年，新冠疫情突如其来，我的线下会所从四家缩减到一家。事业的重创，让我重新思考未来的路怎么走。

值得庆幸的是，从商 16 年来，我始终坚持投资自己的大脑——这数百万元的自我投资，成为我最大的安全感来源。

这场疫情仿佛给我的工作按下了“暂停键”，让我得以“百战归来再读书”。

2021 年，我参加了剽悍一只猫的行动训练营。认识猫叔后，我约了他的咨询。令人惊叹的是，他仅用 12 分钟，就把我过去十几年在做的几件事情串联在一起。

“丽娴，你看，”他说，“你让成千上万的女性重新发现自己的美，帮助上百个家庭重获幸福。你一年就帮助 300 多位女性实现财富翻倍。其实你一直在做同一件事——深度影响女性，帮助她们变得更富足、更美丽、更幸福。”

猫叔接着问我：“丽娴，如果未来 20 年你只能做一件事，什么样的事情能让你的人生无憾？”

那一刻，我进行了深刻的思考。

猫叔接着说：“丽娴，你就是一位天生的女性教育家。”

## 成为女性教育家，一场温柔的蜕变

“女性教育家”这个称呼在我心头萦绕，可是我真的可以吗?

我开始线上线下同步布局，潜心修炼自己，主动链接优秀前辈。正是这些经历，让我坚定了用商业思维赋能女性成长的决心。

当我忐忑迈出第一步时，收获了满满的惊喜。

有位初次参加线下沙龙的学员找我做咨询，让我给她做商业模式设计。在我做完之后，她大受震撼，激动地表示:“以后您的线下活动，就算天上下刀子我也要来！”

还有一位追求完美的学员，在我帮她突破心理障碍后，她仿佛人生“开挂”。如今，她逢人便说我是改变她命运的贵人。

原来，成长从来不是孤独的旅程。只有与同频的人相互滋养、彼此照亮，我们才能遇见更好的自己。

这份感动让我更加坚定：我要创建一个女性成长社群，让更多人以书会友，在交流中觉醒，看见人生的无限可能。最终，让我们都能活出眼里有光、心中有爱、口袋充实的丰盈人生。亲爱的姑娘们，世间道路千万条，但做最真实的自己，才是最容易成功的那一条。

## 这本书的使命：献给每一位女性的情书

2024 年 1 月，在我的老师剽悍一只猫主办的 500 多人大会上，当我作为演讲嘉宾温柔而坚定地说出那句老师特别叮嘱的话“丽娴，你很好”时，台下无数双眼睛闪烁着泪光。那一刻，我突然明白：原来女性最需要的不是成长方法，而是对自己说“我很好”的勇气。

于是，我决定写这本书。在这本书里，我用文字梳理了影响女性成长的 5 种关系：

- 自我关系：选择的权利永远在自己手中。
- 亲密关系：爱，是两个人的修行。
- 亲子关系：好的家风，是孩子一生的底气。
- 原生家庭关系：20 岁以后，原生家庭这个“锅”不要背。
- 金钱关系：用对金钱，成为驾驭金钱关系的高手。

通过 78 个真实的生活课题，我将带你觉察那些消耗能量的模式，重新找回“你很好”的生命状态。这不是一本教你变得更好的手册，而是一面帮你记起“自己本来就很好”的镜子。

首先，这是我送给自己 39 岁的礼物。这些年，在自我成长的道路上，我投资了 300 多万元，陪伴上千位女性找回生命的光彩。这本书是我对这段旅程最真诚的告白，也是留给自己的人生纪念。

其次，这是我送给女儿的成人礼。在我最爱的女孩即将 18 岁之际，我想用这本书告诉她：你生来就很美、很珍贵，不需要为任何人改变自己，你只需要做那个最真实的你——因为那个你，本来就很好。

最后，这是我献给所有女性的情书。我想透过这些文字，轻轻捧起每位女性的心，告诉你们：看见自己真实的样子了吗？那就是最美的模样。你值得被爱，值得拥有世间的一切美好。

**【阅读小贴士】**

找一个安静的角落，让这本书温柔地陪伴你。

当你在生活中遇到困惑时，随意翻开一页。

把它放在枕边，让“你很好”的信念融入梦乡。

**请记住：**

你不需要变得完美，才值得被这个世界所爱。

愿你在这里找回那个最真实的自己。

丽娴
2025 年盛夏

# 目录

# 第一篇 自我关系

选择的权利永远在自己手中

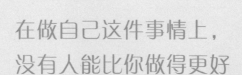

在做自己这件事情上，
没有人能比你做得更好

# 01 如何让自己保持持续更新的状态?

我是一个提倡终身学习和成长的精进主义者，我认为要想让自己保持持续更新，就需要具有高阶女性才有的内驱永动机。

我在让自己保持持续更新的状态时，会注重以下方面：

## 一、后继有人

我鼓励女性生孩子，拥有自己的后代，或者你也可以培养自己的学生，这是让自己持续进步，保持持续更新的第一法门。比如，每月开展双向教学日：孩子教你使用新潮App，你教他们沟通技巧；开设“成长共生账户”：每教会学生一项技能，就向他们学习一项新技术；设定榜样目标，持续激励自己进步。

## 二、做喜欢和热爱的事情

做自己喜欢和热爱的事情，不仅能让我们产生愉悦感，还能产生心流——多巴胺的闭环反应。比如，选择稍有挑战性的事情；设置明确的微习惯，如每天运动 10 分钟，每天看两页书；建立即时反馈机制等。你会发现，做自己喜欢和热爱的事情所产生的动力，会让你拥有源源不断的能量。

## 三、每天进步一点点

“每天进步 1%”本质上是一种积极的心理暗示，它能持续给我们带来正向激励。

## 四、每天观看或听新闻联播

观看或听新闻联播是我和国家大事保持同频的重要方式，能够可靠地获取正向信息。

新闻，成为我和朋友之间沟通的桥梁，通过分享彼此的观点，获取不同维度的信息，不断更新自己。

## 02 怎样找到天赋和热爱？

在过去 2000 多次咨询中，我最常被人问到的问题是：“丽娴老师，我该如何找到自己的天赋和热爱，活出想要的人生？”

其实答案很简单，就 5 个字：诚实做自己。选择做自己喜欢的事，找到热爱的事业，用你的天赋去帮助他人，这就是最好的活法。

回顾自己的成长经历，我发现自己的三大热爱：美食、美的事物和助人。我发现美食能滋养我们的身心。每当我品尝到新鲜优质的食材，或是邂逅一家用心经营的美味餐厅时，那份喜悦都让我雀跃不已，而且我也很喜欢做美食，并与家人和朋友分享。

我从小就喜欢与美的事物打交道，深信女性就应该与美相关。21 岁那年，我就开办了美容会所，在当地有一定的影响力。

不知道从什么时候开始，助人成了我的“天命”。我是一个热情、爱分享的人。每当我学到一些知识，以及对我人生有极大帮助的内容时，我都希望跟身边的人分享，以老师的身份去影响和帮助更多女性，希望她们变得更富足、更美丽、更幸福。

你不妨问问自己这三个问题：

（1）身边的人最常称赞你的特质是什么？

（2）什么事情是你渴望去做，让你感到忘我和愉快的？

（3）如果生命只剩最后一天，哪件事情不做你会留有遗憾？

如果这件事情不做会留有遗憾，那么我会坚定地选择现在就去做，根本不会在乎别人的眼光。

我经常和学员说的一句话是："如果你做一件事情时感到很痛苦，那么这个决定一定不对。"人生的富足有外在的，也有内在的，而心灵的富足源自你有没有真正在做自己想做的事。当你做自己喜欢和热爱的事情时，每天都会获得精神滋养，感受到喜悦和富足带来的正能量。

在我的学员中，有一个叫慕夏的女生。她原本在企业上班，却拥有一个惊人的天赋——超强的销售能力。但在参加我的课程之前，她从未正视过自己的这个天赋。直到去年，她参加了我的线下课并进行了深度一对一咨询。在梳理过程中，我清晰地看到她与生俱来的销售天赋——那些对别人来说感到很困难的销售技巧，在她那里却如此轻松。

果然，她回去后，不到一个月就轻轻松松变现了 20 多万元。你看，这就是找到并发挥自己的天赋所产生的魅力！

以下三种方法可以帮助你更好地发现自己的天赋与热爱：

（1）向行业专家咨询和请教，通过专业的测评充分了解自己。

（2）找到 10 个和你关系超级近的朋友，和他们沟通，在他们的反馈中挖掘自己的独特价值。

（3）选择做一两件自己感兴趣的事情，并坚持超过 100 天。

每个人身上都有独特的天赋和闪光点。找到它们，你就能活出真正的自己，创造独特的价值。

**课后小练习**

扫描二维码，关注公众号并发送“天赋”，领取“如何找到自己的天赋”问卷，并花 10 分钟时间认真回答表中的问题。如果你想更深入地了解自己，清晰地发现自己的天赋，欢迎你预约我的一对一咨询。

## 03 女性最好的滋养品到底是什么?

我从读书，到去日本做交换生，再到创业、组建家庭、打造个人品牌，唯一不变的就是：学习。对我而言，最好的滋养品就是：终身学习，终身成长。

我学习的方式有以下三种。

（1）通过书籍学习：我从小就爱买书，总是对妈妈说："妈妈，给我一些钱，我要买书！"我家里整面墙的书架上都是书。我很幸运，能在书海的世界里遨游，让心灵获得丰沛的滋养。

我喜欢读的书有三类：人物传记类、商业经典类和经典智慧类。读人物传记可以让我和不同的高手隔空对话，在他们的身上看到不同的人生样本和不同的人生模式，并从他们那里找到方法和规律，以及成功的法门。读商业经典类图书，我可以学习到商业理论和商业模式，这些都会帮助我在创业、带学生时更好地做商业决策，同时也一直滋养着我的商业嗅觉。读经典智慧类图书，让我在为人处世和面对人情世故时能更返璞归真、更向上向善。

读书是进入思考的一种仪式，因为只有自己知道想要什么，才能唤醒自己内在的驱动力，才能激活体内潜藏的智慧。

懂得滋养自己的内在，让我在学习时充满自信，不再盲目追求所读图书的数量，而是和先贤智者展开跨越时空的对话。

（2）向老师学习：俗话说“经师易得，人师难求”，除了在书籍中获得滋养，我还会向品行好的老师学习。比如，2014 年，我想更好地了解自己，想进入心理学赛道，便和国际、国内顶尖的心理学老师学习，这一坚持就是 14 年，在心理学的海洋里持续浸润。心理学让我能更好地领悟到：知人、知智、知世界的妙处。

这些年，对我影响最深的两位老师是杰夫和剽悍一只猫，跟杰夫老师学习心理学，跟剽悍一只猫老师学习如何打造个人品牌。付费向行业顶尖高手学习，是突破成长瓶颈的捷径。

（3）向行业学习：参加行业峰会、展会，加入同城私董会。我每年都会向行业深度学习一两次，甚至不惜重金邀请行业顶尖导师对我的员工进行培训，带领他们做业绩，提升专业技能，突破认知边界，提高服务质量。

我深知，唯有这样才能让新鲜的血液流进来，让我的企业更有活力和生命力。

女性最好的滋养品：保持学习，保持进步。

## 04 富养自己的捷径和密码是什么？

为什么要富养自己？怎么样才叫富养自己？

从此刻起，我想告诉所有女性：你很珍贵，在这个世上你就是独一无二且无可替代的珍宝，你值得拥有富养的人生、富裕的自己。

哪怕你的出生很糟糕，哪怕你曾被人轻视，哪怕你曾觉得自己一无是处。接下来，跟着我一起重新富养自己吧！

首先，注入坚定的信念：我要重视自己，我很珍贵。

（1）认可自己。先做一个练习，每天对着镜子和自己说：我很珍贵，我很优秀。坚持练习，直到看着镜子里的自己，你能笑着把这些话说出来。

（2）和谁在一起。跟愿意珍视你的人在一起，你的圈子就是滋养你的风水。记住，任何时候都不要跟消耗你的人在一起。

（3）想象练习。想象一下，珍贵的你想做什么，你就尽管去尝试，当你开始善待自己时，会发现这远比贬损自己更有好处。

对于如何富养自己，我有捷径，富养密码是：像打造奢侈品一样打造自己。

在我 30 岁之前，特别喜欢购买香奈儿、LV、爱马仕等奢侈品，认为它们能彰显我的尊贵，它们是身份的象征。后来，我开始研究这些奢侈品背后的故事。我发现，奢侈品之所以能够成为奢侈品，主要是因为：

它们承载着品牌故事，诉说着品牌成长道路上经历的各种风霜雨雪，但创始人依然用热爱去坚守，秉承工匠精神，把每件奢侈品都雕琢成极致艺术品；细节处尽显奢华，专卖店里的每一处设计都让人感到自己的尊贵和有身份；给人信心和力量，当拎起一个名牌包时，那份自我认同感和底气都会变得更强。

35 岁以后，我开始有了奢侈品思维：像打造奢侈品一样打造自己，注重品质和细节，让自己体现出尊贵感。

当你开始真正认可自己，认识到自己是世间独一无二的珍宝时，便开启了一门无可替代的人生功课。你要学会沉淀个人品牌故事，每年迭代一个全新的自己；像工匠一样打磨自己的作品，每做一件事情都要带着作品思维；平时注重细节，从穿着、为人处世、做事风格等各个方面打磨自己；要让你说的每句话都传递信心和力量。

真正地富养自己，不是向外求物质，而是向内求心性。

## 05 如何拥有让自己超快乐的“魔法棒”？

首先，我要主动选择快乐。

有人会问，快乐还需要选择吗?

我的答案是：当然需要。

因为很多人潜意识里认为自己不配快乐，快乐对她们而言意味着一种背叛。就像当妈妈无法享受快乐时，自己若感到快乐就会产生愧疚感。

而我选择成为一个快乐主义者，常常开怀大笑，朋友们说我就是“富足感”的化身——不是指物质上的，而是那种由内而外散发的丰盈生命力。事实上，我认为快乐是一种最安全的选择。想要开启心灵的快乐密码，只需要每天告诉自己：我是一只快乐的小鸟。这个简单的信念让我拥有一种看到路边的一簇野菊花也能感受到生命美好的能力。

为什么明明往前一步就能实现快乐，你却不愿意做?

（1）不快乐能引起别人的关注，想想你是不是也曾经用生气的方式来吸引身边人的注意。

（2）当你自己不想逃离悲伤时，没有人能帮你到达快乐的彼岸。

我认识一个朋友，她 10 岁的时候爸爸就去世了，从那以后她变得很不开心，更不敢放声大笑。在一次访谈中我了解到，当时她妈妈终日以泪洗面，家庭失去顶梁柱后陷入巨大的痛苦中，生活也失去了色彩。于是她 10 岁的时候就认为：自己不该快乐，更不敢快乐。

经过系统的咨询与疗愈，她终于明白：快乐是可以自己决定的。乐观的心态和开朗的性格会提升个人能量，这种内在力量会让人生绽放更加绚丽的光彩。

或许我们都曾有过这样的时刻——无论是青春期莫名的忧郁，还是在社交中刻意扮演某个角色，潜意识里都在渴望引起他人的关注，甚至会觉得保持不快乐反而更安全。

我的快乐哲学很简单：“人生苦短，不快乐就亏了。”因为我选择快乐，所以我会做一切能带来快乐的事情，快乐会让你更好地享受人生。下面分享几个我的快乐“魔法棒”。

（1）吃美食、晒太阳、接触大自然：我是一个自带“美食雷达”的人，曾经办过“美食疗愈”工作坊，用精心挑选的食物来唤醒五感，让每一口食物都成为生命的滋养。

我坚持每天晒太阳，因为阳光是我们能量的来源，学会在阳光下微笑、大笑、奔跑，你会发现：每天多吸收一分阳光，你的快乐就会多一分。同时，大自然是最好的疗愈师，走近大自然，多与大自然接触，就能感受到生命力的涌动。

（2）帮助他人：30岁前，我的快乐来源有很多种。30岁后，我找到了人生使命：帮助更多女性活出富足、喜悦的人生。

这个使命就像永不枯竭的能量源，让我每天都变得精力充沛。见证一个个生命因我而蜕变，这种快乐是任何事都无法替代的。这也是我长期保持快乐和喜悦的秘密源泉。

（3）愿意放下一切让自己内耗的东西：能否放下，全在一念之间。当我跟别人比较，抱着自己的执念不放，因得不到想要的东西不开心时，我会自问：这样值得吗？只要愿意放下当下消耗能量的念头，快乐和丰盈自然就会到来。

当你注入爱和喜悦，带着一份热情全然享受这个世界时，你会发现，世界也会回馈你同样的灿烂。做个快乐的天使，带着乐观的心态，尽情享受这个精彩的世界吧！

今天你快乐吗？

**课后小练习**

幸福行动：深呼吸，启动腹腔和喉咙，尽情大笑1分钟。

# 06 如何更健康地释放情绪？

真正健康的情绪释放，不在于消除负面情绪或情绪卡点，而在于建立内在的心灵反馈系统。情绪本质上是大脑构建的生理反应，健康的情绪释放关键在于让荷尔蒙代谢回归平衡状态。

## 一、正确地认识情绪，了解它为何而来

你要有意识地记录过去三个月自己的情绪变化，在什么时间段，在面对哪些人或者面对哪些事情时，你的情绪会波动得很厉害。比如，你可以设置一个专属情绪周期表，根据月经周期来了解情绪的来源。当我们意识到情绪的频繁波动会对身体造成影响时，就要试着建立情绪缓冲带。

## 二、情绪稳定口诀：我很好，我很富有，我很尊贵，我很幸福

当情绪产生波动时，你可以有意识地念这句口诀：“我很好，我很富有，我很尊贵，我很幸福。”同时配合呼吸，默念 5 个数“5、4、3、2、1”，先让自己放松下来，再处理事情，这时，你会发现自己已经平和了很多。

## 三、启动“眼泪排毒”模式

研究表明，每月规律进行“眼泪排毒”的女性，经前综合征症状强度可降低 47%。哭是一种非常好的释放情绪的

方式，通过哭可以把委屈、不满、内疚、痛苦等负面情绪释放近 80%。

## 四、找人倾诉

许多女性长期情绪压抑，往往是因为找不到人倾诉或者沟通，不得不将委屈和苦闷压抑在心底，最终对身体产生负面影响。建议从两个方面去改善：一是为自己搭建一个安全的物理空间，二是找到一两个值得信赖的倾诉伙伴。当你能够随心所欲地倾诉心声时，近 80% 的情绪压力都能得到释放。

## 五、大量运动与静坐

通过亲身实践，我发现大量运动能快速激发多巴胺分泌。在运动过程中，我逐渐建立起内在的秩序感和力量感，从而实现了极佳的情绪释放效果。

静坐也是一种有效方式。定期打坐和静坐能够让自己安定下来，在一呼一吸间感受自己身体的起伏，感受情绪的走向，逐渐让自己的内心走向平和，从而让情绪更加稳定。

我们都需要学一些心理学知识，它们能帮助我们更充分地了解自己，了解自己的身体和情绪，从而获得更自洽的生活状态。周末，不妨尝试实践“反向充电”法则：放下“应该怎样”的思维定式，允许自己像古茶树那样安然存在——在静默中完成深度自我代谢，让情绪落叶转化为滋养心灵的养分。

真正的情绪自由，不在于对抗情绪潮汐，而在于学会在情绪的深海中成为自己的“导航鲸”。

# 07 女性如何守护好自己的荷尔蒙？

在人体这座精密的“生命工厂”中，荷尔蒙堪称最神奇的调节剂。女性特有的荷尔蒙犹如珍贵的“黄金”溶液——一生的分泌量仅约 5 毫升，但它们却是维系曼妙体态、水润肌肤与灵动神采的生命密码。随着医学的发展，人类也逐步揭开这管“液态黄金”的奥秘，保持荷尔蒙平衡已成为现代女性不可或缺的健康必修课。

## 一、注重保暖

中医自古就有“十女九寒”的说法，现代研究也证明体温每下降 1℃，免疫力就会降低 30%。女性荷尔蒙系统最忌寒邪侵袭，建议你构建“三层保暖屏障”：物理防护层，要选择保暖衣，搭配每天喝姜枣茶；环境调节层，要保持房间 22℃恒温，每周进行三次艾草足浴；饮食养护层，要多摄入肉桂、黑芝麻等温补食材。数据显示，坚持保暖三个月，67% 的女性经期不适都会有所缓解。

## 二、学会保湿

当荷尔蒙分泌旺盛时，皮肤含水量可达到婴儿期的 80%。推荐“3+1”保湿方案：早上用乳液形成防护膜，中午喷雾补水调解水油平衡，晚上用荷荷巴油深度修护。每日饮用2000毫升温水，最好能加两片柠檬，这样既能促进代谢，又能补充维生素C。长期观察发现，坚持这样内外保湿的女性的肌肤，看起来比实际年龄年轻5～8岁。

## 三、压力管理

现代生活的快节奏如同看不见的荷尔蒙“小偷”，过量的皮质醇会直接影响雌激素的合成。建议每天留出“黄金90分钟”进行心灵SPA，给自己充电：早晨花15分钟冥想清空杂念，中午用30分钟的音乐疗愈来恢复精力，睡前利用45分钟的纸质阅读来重建心灵秩序。

美丽、青春与健康的秘密，都藏在那小小一茶匙的荷尔蒙里。

在这个科技主导的时代，荷尔蒙平衡已不仅是简单的养生课题，而是决定生活质量的关键选择。当我们懂得解读身体的微妙信号——用温暖抵御寒冷，以甘露缓解干涸，借宁静对抗浮躁时，便能与体内珍贵的“液态黄金”达成完美共振。毕竟，真正的冻龄“魔法”，就藏在每个女性与自身荷尔蒙的和谐共舞中。

**课后小练习**

幸福行动：给自己安排一次全面体检。

# 08 为何说“会养”是最高级的“会用”？

几年前的那份胸部检查报告成了我的生命觉醒书。当心电监护仪的滴滴声取代键盘的敲击声时，我彻底顿悟：身体是需要定期充能的“灵性电池”。那一刻，我正式开启了自己的“能量复兴计划”。

## 一、减少内耗：从“证明模式”切换到“创造模式”

曾经，我像开屏的孔雀一样急于展示羽毛，直到发现：真正的高手都在默默打磨剑锋。于是，我停止在朋友圈晒加班，不再刻意谈论资源人脉，这反而吸引了志同道合的伙伴。

## 二、物欲断舍离：戒掉物欲，开始建立能量守恒

卖掉 30 个奢侈品包的那天，我在衣帽间办了一场告别仪式。在那些承载着“让别人看得起我”的焦虑皮具离开后，阳光第一次洒满了整个空间。人生终究要学会——只留下必需品，而非物欲品。

断舍离，断的不仅是实物，还有一切让我们觉得累赘的情绪和思想。

我们对过往有眷恋和不舍，不肯丢弃旧物，经常被难以言明的情绪所牵绊，抓住过去不放，这往往是因为对未来的

不确定和安全感的缺失。如果你对未来很笃定，认为自己一定会变得更好，那么对旧物的执念也会放下。实际上，断舍离是在清理自己的内心，腾出更多的空间去承接更好的未来。

## 三、提升能量：戒掉无效社交，构建滋养网络

每次社交前，我总会问自己："在这场见面后，我的能量刻度表是上升还是下降？"可去可不去的时候，我选择不去；可见可不见的时候，我选择不见。现在，我保留的三类滋养网络如下。

（1）能量充电型（每月两次）：与人生导师的深度对话。

（2）情感联结型（每周一次）：和至交的读书茶会。

（3）价值创造型（灵活安排）：为具有潜力的新人搭建资源桥梁。

## 四、身心滋养：打造你的精神后花园

真正的身心滋养不是消极躺平，而是建立可持续的能量生态。在生活中，我是一个非常注重仪式感和懂得滋养自己与他人的人。比如，我的微滋养时刻：晨间15分钟的"咖啡冥想"，用心为自己冲泡一杯咖啡，让香气唤醒感官，静静地感受自己独处的时光。或者，享受积极学习的时刻，对我而言，沉浸式学习就是一种最深层的放松。

## 五、放假模式：度假 / 午休 / 看电影

允许停下来，给自己一场真正的休憩——无论是度假、做 SPA，还是享受一场电影。我尤其推崇午间小憩文化，常常鼓励员工适当休息：哪怕只是闭目养神 15 分钟，或者找个地方“充电”10 ~ 20 分钟，都会让下午的工作效率更高。

真正的养护是为了更好地用，这会让我们的身心更加健康地向前。人生不是短跑冲刺，而是一场需要耐力的“马拉松”，最智慧的跑者一定是懂得爱护自己身体的人。那个曾经在病床上输液的我终于明白：真正的强大不是持续燃烧，而是掌握熄灭与重燃的节奏。这就像顶级香水师调配香氛，前调的绚烂需要中调的醇厚来承接，这样后调的绵长才能成就永恒。

当你感到疲惫时，不妨默念这份现代版的《日课十二条》：“养护不是软弱，蓄能方能致远。”记住：懂得自我滋养的女人，终将以优雅的姿态与时光和解。

**课后小练习**

智慧思考：你平时是怎样保持休息的？

## 09 为什么女人一定要有自己的事业？

我出生在广东深圳，人生第一位女性启蒙老师是我的母亲。父亲是当地最大的养鸡场场主，创下过非凡的业绩。在这样的家庭中，你或许以为我母亲过着养尊处优的富太太生活，但记忆中的母亲全然不是这样的。作为全职太太，她留给我的印象始终是顾家、有爱、隐忍。在我的生活中经常出现的一幕是，每个月的家庭开支，母亲都需要张口向父亲要。

正是在这样的环境中长大，我心底埋下一颗种子：做自己人生的主宰者，拥有自己的事业。同样是创造价值，女性为什么不可以在商业中创造价值？

工作和事业是让女人保持不断学习，成为更好的自己的最佳方式。在工作中深度思考、和团队碰撞创意、接受市场锤炼，还能结识志同道合的伙伴，这些都会让女性在琐碎的家庭生活之外，活得更有自主性、更有魅力。

我的女性朋友问过我一个问题：丽娴，创业 20 年带给你最大的滋养是什么？

我非常笃定地回答：“敢于说‘不’，拥有自主权。”因为拥有自己的事业，我不会被困在家庭生活的琐碎里，也不会沉溺在孩子的教育与陪伴上无法自拔、忘记自我成长。更重要的是，当家庭进行决策时，我能贡献自己的见解和力量。孩子们会更敬佩这样的妈妈，父母为我骄傲，先生也常说：我才是他人生中最重要的合伙人。

“就算月薪只有 2500 元，花 2000 元请保姆，自己也得出去工作。”因为这个信念，让我 20 岁就萌生了当老板的想法。我选择了与“美”相关的事业，21 岁时创办了自己的美容会所。22 岁时，我的美容会所已经成为当地规模最大的。为什么选择“美”这个行业？从小我就很爱美，也希望身边的女性可以更美。更重要的是，从小看到父亲在商海中拼搏，他总有许多放松身心的去处——这不禁让我思考：女性也应该拥有专属的身心栖息场所。

创办美容会所的初心，就是希望这里能成为女性的第二个家——每个从这里走出去的人，都能带着由内而外的光彩，散发着自信的芬芳，获得身心的滋养。

现在回想起来，我特别感激自己当初的选择。20 年深耕美业的经历，让我成为最大的受益者：不仅让我拥有“不老的童颜”，还遇见了一群一起变美的姐妹。在这个关于美与智慧的修炼场中，我们共同领悟了美的真谛：发现美、创造美、成就美。

特别幸运，我做了一份有意义的事业。你一定要拥有一份自己的事业或者工作，这样才能与时俱进，保持思考和学习，不断提升自我。更重要的是，事业能为你的人生“保驾护航”。

事业，是你前行的铠甲，也是你温暖的避风港。

## 10 我如何看待相由心生?

在这个颜值至上的时代，我们常常误解了美丽的真谛。作为从业18年的美业人，我有幸见证了上万名女性的蜕变，发现一个令人深思的真相：容貌其实是心灵的映照，而医美只是帮我们擦亮这面镜子的工具。

那些活得自在的女性，脸上总洋溢着柔和的光晕。她们的苹果肌自然饱满，眼角眉梢都带着笑意，这种美不是玻尿酸所能填充出来的，而是幸福生活自然流露的光彩。相反，那些总是斤斤计较的人，面部往往不自觉地紧绷；长期委曲求全的人，眼尾会渐渐下垂成“八字”——这不是巧合，而是情绪在脸上刻下的印记。

当客人来到我们会所，想要改变自己的容貌时，我总会先问：“你想成为什么样的自己？”因为真正的改变永远始于内心的觉醒。就像我的助理小彤，牙齿畸形影响了牙床发育，当她决定不再自我否定时，选择了矫正牙齿。这不仅改变了她的笑容，还重塑了她整个人的气场。这不是简单的医美效果，而是内在选择的外在呈现。

我自己也经历过这样的蜕变。曾经的我总觉得自己不够好，这种否定写在眉间、刻在嘴角。直到2014年夏天，28

岁的我做出决定：我要活出喜悦的人生。这个决定带来了意想不到的改变——我开始健身，尝试适度的医美调整，更重要的是学会了欣赏自己。奇妙的是，当内心转变后，身边人都说我变年轻了。

相由心生的奥秘在于：

（1）情绪会形成“面部记忆”：长期皱眉会在眉间留下痕迹。

（2）心态影响微表情：快乐的人面部肌肉运动更积极。

（3）自我认知决定气质：接纳自己的人自然会散发光彩。

如果你对镜中的自己不满意，不妨先问问：

- 我是否在压抑真实感受？
- 我有多久没有发自内心地笑了？
- 我是否在用苛刻的标准评判自己？

适度的医美就像给花园里的花修枝剪叶，能帮我们去除岁月的痕迹。但真正让容颜焕发光彩的。永远是内心的阳光。当一个人从心底接纳自己、热爱生活时，她的眼角会自然上扬，面容会自然舒展——这才是最动人的美容术。

记住：变美的起点，永远是你决定要更爱自己的那个瞬间。

## 11 如何成为一个“很妙”的人?

这种“很妙”，不是刻意去做一件很棒的事，那样反而容易变成负担。我会在一天当中的所有事情中，捕捉一件让自己眼睛发亮的小事情，“很妙”的标准由我自己定，自己的人生，自己说了算。

### “很妙”原则1：不指责

批评和指责的本质是“优越感”在作祟。如果我们总是忍不住批评和指责别人，那是因为我们潜意识里觉得自己比别人强。但我想说的是：“优越感不过是‘优秀’的伪钞。”在潜意识里，我们觉得自己比别人强，但这种“强”是假的，是“伪钞”，它看似光鲜，实则空虚。那些习惯批评和指责别人的人，在某种程度上是心底认为“自己不强”，又想让别人觉得自己强的一类人。

所以，如果我们真想戒掉指责别人的瘾，就要直面这个问题：我做好丢弃自己的优越感，和别人平等相处的准备了吗?

### “很妙”原则2：不抱怨

抱怨的本质是“不满”。我们抱怨的往往不是眼前发生的事，而是心里早已给对方贴好的标签——他就是这样的人。

不是对方真的做错了什么，而是我们用自己的标准，提前对对方进行了审判。

想要做到不抱怨，就需要自己深挖为何会产生这种刻板印象。在大部分情况下，如果我们对某个人存在刻板印象，就是我们用自己的标准要求了别人，但每个人都有自己的人生，我们不应该用自己的标准要求他们。

同时，还需要时刻提醒自己，抱怨是我自己的课题，不是别人的问题。

## “很妙”原则 3：不改变别人

改变别人，是不可能完成的任务。真的，别人永远不会按照我们的想法去改变，我们永远做不到改变别人，因为每个人都只想过自己的人生。

我们想要改变别人，往往是因为想得到什么。其实，我们想要的，自己去创造就好啦！

比如，我想要浪漫，但我老公不太懂得如何创造浪漫。此时，我要做的不是把他改造成一个浪漫的人，而是自己去创造浪漫，让他负责买单。这样，我既拥有了浪漫，他也能享受到我创造的浪漫。

记住，我们真的改变不了别人。

“想要什么，就去亲手创造；渴望什么，就先付出什么”，这是我经常说的一句话。它不是鸡汤，是非常好用的行事准则。

## “很妙”原则 4：体面

在人际交往中，那些活得很“很妙”的“中年少女”，往往能做到柔韧有度，既能保持自己的立场和边界，又能给足别人体面。

在人际交往中，如果你总是无法保持自己的立场和边界，那就要很认真地问自己一个问题：为什么会过分在意别人的看法，而忽略自己的感受？

我的心理学老师说过，我们和周围人的关系，往往和我们小时候与父母的关系有关。如果我们总是以别人为中心，这可能是因为我们小时候就习惯于讨好父母，压抑自己的需求，只为得到他们的认可。比如，小时候看到父母不开心，我们可能会觉得是自己的问题，然后想尽办法来哄父母开心，甚至放弃自己的感受。但其实父母不开心可能和孩子无关，也许是工作上的压力、生活上的烦恼等。

这是一个很深刻的点。

我们需要记住，喜怒哀乐是自己的课题，我们应该先让自己开心，再去关注别人，如果过分关注别人，本质上是一种越界。

如果每个人都能专注自己的需求，不去跨越别人的边界，这就是一种很好的体面。

## “很妙”原则 5：激发他人的需求

那些活得很“很妙”的“中年少女”，一般都很会激发他人。

《人性的弱点》一书中说：说服别人的首要途径是激发他人的需求。那么，如何激发他人的需求呢？答案只有三个字：为自己。

最近，在带私教学员时，我很希望她们能够有所改变。这时候，我就会告诉她们：“这么做都是为了你自己。”这样她们就会干劲十足。

所以，如果你想激发别人的需求，请记住一点：“人，永远不会做对自己没有好处的事情。”

## 12 如何修炼自己，心中有他人？

对于我来说，对别人好，其实也是在修炼自己。

为什么我会愿意对别人好？最根本的原因是，被需要、被看见是每个人内心深处最真实的渴望。

既然人人都渴望被看见，而我能通过看见别人、善待别人带给她们力量，那么为什么不去做呢？

我对别人好，是为了得到认可吗？

曾经的我确实如此，十年前，我总想通过对别人好来换取“别人都说我好”的评价。

经过多年修炼我才觉察到，自己的价值不需要通过别人的认可来证明，我只要做好自己喜欢做的事就好。如果我们对别人好，是为了得到认可，本质上，这也是一种索取，不是真的对别人好。真正地对别人好是不求回报的。

很多人就像过去的我一样，对别人好是为了求得认可，更深层的原因，是为了缓解内心“我不够好”的焦虑感。但这样的付出，即便很微小，对方也会感到不适。

不管我们是否愿意承认，在这个世界上，关系是大于一切的。我们都是在关系中成长、在关系中成事的。当帮助别人的时候，我们是在积累善因，有了善因，我们就能得到善果。

当然，我不是让大家无差别地对所有人好。对别人好，可以建立很深厚的关系，但我不会和每个人去建立这种关系。举个很简单的例子：

当我选择在人生下半场成为老师时，我会乐为人师，但不会对每个靠近我的人进行指点，那会变成令人反感的越界行为。只有成为我的学生时，我才会给予她们高频的悉心辅导。

其中的原因很简单，她们是能跟我共赢的人，所以我特别愿意付出。

总体来说，我们对别人好，也是在为自己好，是在追求一种长远的好，是一种更高格局的利己。所谓“利他就是利己”，就是这个意思。

心中有他人，并不是要牺牲自我，不是把自己当成蜡烛去照亮身边的人，而是相信自己是一个源源不断有爱的人。

那么，具体要如何做呢？

（1）开启觉察：用心和你身边的每一个人相处，去感受他们的需求，真正地去看见他们、关心他们。

（2）付出行动：随手送上一杯水，点咖啡时顺便给其他人带上一份，定期梳理你的“利他名单”，并送去关心、问候或者礼物。

# 13 为何敢于麻烦别人的人更受欢迎?

真正的好关系往往是从“互相麻烦”开始的。这种适度的“麻烦”，就像在彼此之间架起一座无形的桥，让情感得以流动，这背后隐藏着关系的“炼金术”。在人际关系中，一个懂得示弱、敢麻烦别人的人，往往拥有更好的人际关系。

你要问问自己：我为什么不敢麻烦别人？或许你心里有这样的担忧：我会不会被人看不起？别人会不会嫌弃我？需要帮助是不是显得自己很弱？如果被拒绝，会不会很丢脸？事实上，这些往往都是我们自己心理的投射。我们被这种自我暗示困住，于是抗拒求助，也切断了和他人的联结。那么，我们该怎么做?

## 一、敢麻烦≠给别人添麻烦

转变思维，把“我在添麻烦”重新理解为“我正在创造双向滋养的机会”“我的求助是对他/她能力的真诚认可”“这将成为关系升级的催化剂”。

如果你想在初次建立社交后，拉近与对方的关系，则可以从她擅长的专业、兴趣爱好等方向入手，比如咨询穿搭技巧。在工作中，如果你想拉近和同事之间的距离，则可以向她请教工作方法。如果你想提升和闺蜜的信任纽带，则可以向她寻求情感方面的支持。

## 二、适当示弱≠你很弱

适当示弱是高段位“麻烦”的艺术，比如，我的学员小 Q 在经过指导后的三个月内，跨部门协作效率提升了 40%，并获得了“最佳管理者”提名。在职场中，你也可以运用这种艺术，先在沟通过程中肯定对方的优势：“你的风险管控经验正是我需要的”，再提出具体需求：“能花 20 分钟帮我看看这个方案吗？”最后预留回报：“改天一定要给我机会，让我请你喝杯咖啡”。这里给出一个黄金比例法则：每 5 次求助后，主动提供 3 次帮助。

## 三、拒绝≠否定我

这里，我们要做好课题分离，她帮不帮我是她的事情，求助与否是我的事情，要在被拒绝的课题中依然保持内在的力量。

想起那位总说“我自己能行”的来访者就让我心疼：她在父亲病危时仍拒绝同事代班，结果错过了最后的陪伴时光。

记住：真正强大的人都懂得，把弱点编织成连接世界的网。下次当“不用麻烦”到嘴边时，试着改为：“需要你帮助的我，才是完整的我。”就像钻石必须经过多面切割才能折射光芒，敢于示弱的灵魂，终将在相互照亮中获得圆满。

## 14 在帮助别人时，如何不背负他人的命运？

这是一个关于助人艺术的深刻话题。15年的心理学实践让我明白，真正的助人不仅是能量的给予，还是生命与生命互相照亮的修行。无论是一对一的心理咨询，还是日常生活中对他人的帮助，我都会遵循以下原则。

### 一、尽力

当面对别人的求助时，我始终铭记“尽力”二字，这不是对外的承诺，而是与良知的深度对话。

做事时，你能骗过所有人，唯独骗不了自己。当我全力以赴时，便能问心无愧，因为我已经做到我所能做到的所有事情。就像我的很多学生，她们学历比我高，很多方面比我强，却愿意向我学习。每次我都会问自己：有没有毫无保留地将自己的经验倾囊相授？唯有如此，我才无负于她们，对得起她们的信任。

### 二、照见众生即见自己

你有没有把每个学员都看作自己的一面镜子。荣格曾说：“你所厌恶的他人特质，都是你不能接纳的自我阴影。”这个洞见彻底改变了我的助人方式。

每当学生向我提出疑问时，我都会先反观自身：这个卡点我有没有？我会看到所有学生都是我的面相，每个人身上的优点和缺点我都有，那么我就会问自己：我有没有去修补？有没有去改正？

当我意识到这一点，而学生没有去改正，或者没有变化的时候，我明白这是因为我没有改；当发现学生改变时，说明我也改变了。

所以，不背负他人的命运是因为我会自我检讨，自我反思，我有没有改正、有没有变化。当我以自己为中心时，看到的所有人都是跟自己相关的。

## 三、看到自己的价值

真正的助人者如同灯塔，其价值不在于拯救多少迷航船只，而在于自身光芒的稳定性。

我们无法干预别人，只能做到影响别人。

你要看清自己的价值所在，真正负起责任，同时建立自己的边界：你只管用心教，他只管认真学。若执意要求别人改变，这实际上就是一种索取——你不过是在通过别人的改变来证明自己的价值。

教育孩子也是如此。若你认为“只有把孩子教好才算有价值”，这就不是真正的爱孩子。许多全职妈妈将孩子作为生活重心，往往会用孩子的优秀来证明自己的价值。

我不背负他人的命运，是因为我不需要用别人的结果来定义我的价值，我的价值首先源于自我认可。

教育者的真正使命不在于塑造他人，而在于活出生命本来的模样，就像山泉从不催促野花绽放，只是默默地流淌，滋养沿途相遇的每一个生命。

最后，总结一下：用 70% 的时光浇灌自我成长，将 30% 的能量和智慧进行分享。

# 15 如何在拒绝别人后依旧能维护好一段关系？

健康的边界不是冰冷的城墙，而是温暖的桥梁，它让善意如清泉般自然流淌，既保持距离，又连接彼此。在沟通过程中，清晰地表达自己的需求和意愿是遵从自己内心的最好方式。如果你真的在意一段关系，不委屈、不刻意、不虚假，反而是最好的相处方式。

## 一、明确自己的原则和边界

你要时刻觉察有没有重视自己，有没有觉得不舒服，然后在合适的时机，用不伤情面的方式表达出来。

## 二、站在别人的立场来拒绝

你可以用一个为他好的理由来拒绝。人永远站在自己的立场考虑问题，这是躲不开的人性。

## 三、学会用好沟通的艺术

下面列举三个不伤害关系的案例，它们是我在沟通过程中用得最多的模型。

故事一：当同事频繁找我倾诉的时候，我会这样说："你愿意和我分享这些，说明你很信任我，不过今晚我需要专注工作，明天上午我们可以专门留半小时好好聊聊，好吗？"

同事知道我在忙，便不会继续打扰我，这种方式既很得体，她也更容易接受。

故事二：有时候我在家谈事，孩子们放学回来就会围着我喊“妈妈，妈妈！”这时，我会这样和孩子说：“妈妈特别理解你想随时找到我，但现在我需要保持专注和客人谈事情，1 小时后我来找你们，OK？”

故事三：在非工作时间我不想被打扰的时候，我就会提前和身边的人沟通：“最近我在尝试新的精力管理方式，晚上 10 点后手机静默，如果有特别重要的事可以给我语音信箱留言，我会在早晨集中处理。”这样做的好处是，既能够让他们知道我的诉求和原则，又能更好地引发共情，比起直接拒绝高效得多。

事实上，我认为，当你真正在意一段关系时，有话直说是一种本事和能力，这能让你在这段关系里与他人相处得更自在。

# 16 如何按照自己的意愿过好这一生？

前段时间，电影《哪吒之魔童闹海》特别火，其中有一句非常经典的话是“我命由我不由天”。如果你想过有掌控的人生，关键在于你的认知、意愿、圈子等因素。

## 一、拓宽认知系统：绘制属于你的“世界地图”

在价值观和世界观形成的过程中，多去探索世界、旅行、交友、学习和创造，丰富自己的人生体验，这样你才能看到世界的更多面。

年轻时，我曾作为交换生在日本学习，每年都会去全球各地旅行和上课。如今，女儿16岁了，我经常带她去法国、英国、德国等地游历，也鼓励她利用寒暑假多出去走走，去感受不同的人生样本。这些经历不是简单的体验收集，而是在意识疆域插下界碑。每一个新的领域都是一块拼图，最终拼出一幅超越世俗框架的人生蓝图。见识过深海巨鲸的人，自然不会再为鱼缸里的议论而停留。

## 二、构建决策系统：安装你的“精神导航仪”

（1）榜样矩阵建设：精选 3 ~ 5 位打破常规的先锋女性榜样，深度剖析她们的决策模式。重点不在于复制她们的人生轨迹，而是萃取可迁移的决策智慧。

（2）动态成长坐标：建立一套3年期的成长航海日志，包括季度人生坐标、月度决策复盘会议、每日记录自主时刻（哪怕是小到拒绝不想参加的聚会），这套系统不是对我们的束缚，而是帮助我们在社会浪潮中保持清醒的定位锚点。

## 三、创建能量生态系统：铸造你的“圣殿骑士团”

真正的自主从来都不是孤军奋战，你需要建立自己的激励系统和支持系统。

激励系统是指那些能够激励你成为更好的自己的圈子。在这里，你会遇到积极向上的人，他们为你提供学习的榜样，让你看到人生更多的可能性。

- 职业圈层：保持20%的时间接触比自己更高阶的领航者。
- 兴趣社区：加入那些真正能点燃你生命热情的创意部落。
- 成长型组织：选择那些提供实用方法论而非鸡汤的智囊团。

支持系统，像瑞士钟表那样精密运作。

- 情感维生舱：拥有2～3位真正懂你、能够接住你的脆弱的挚友。

- 实战智囊团：建立法律、财务、心理等专业支持网络。
- 家庭缓冲带：通过定期沟通建立“理解契约”，比如设置固定的家庭日、系统升级日等。

如果你想按照自己的意愿做决策和生活，需要强大的支持系统作为后盾，包括同频共振的“战友圈”、高效协作的团队、理解支持的家庭等。

## 四、接受你的不完美

自主权不是100%的控制权，而是80%的主导权+20%的容错率，这就像最优秀的航海家，既要懂得把握方向，也要学会与风浪共处。

每个人都是自己人生的艺术家、策展人和航海家。在我们的人生旅途中，从不需要标准的参观路线图，真正的自由往往都藏在那些“你不够女人”的批评声中，正是这些被质疑的选择才能定义真实的你。当你勇敢打破社会强加的模板时，每一块碎片都会折射出你独特的光芒。

在做自己这件事情上，没有人能够比你做得更好。

# 17 哪些是女性的人生必修课？

真正的女性力量，是允许自己像竹子一样——既有破土而生的锐气，也懂得在暴雨中适时弯腰。当你学会珍视每次经期带来的自我对话时刻，当你把职场压力转化为舞蹈室里的汗水，当你把家庭菜谱写成诗时，你便领悟了生命最深的奥秘：身为女性，本身就是一场值得全情投入的行为艺术。

## 第一节必修课：形象

形象管理确实要先于能力展现。你需要先了解自己的身材类型——是苹果型、梨型，还是 H 型等，然后选择适合身材特点和职业需求的着装。定期护理头发和肌肤同样重要，同时建议将内衣的预算提高至服饰总支出的 30%。

有人问，如何提升自己的美感？看电影、看杂志、看展会都是很快提升你美感的时刻。如果你有特别崇拜的女性榜样，那么就去拆解她的穿搭和说话风格，这样你的美感也会很快提升。

## 第二节必修课：沟通

懂得沟通的女性往往都好命。懂得说话和沟通的艺术，会让你的情绪、能量、人际、运气都处在顶端。好好说话是一种能力。

## 第三节必修课：健康

健康是生命的根基，好好吃饭、好好睡觉、好好锻炼都是基础功课。要想活得健康，就要学会在吃、睡、锻炼这些基本面上下功夫，养成好的习惯。比如，定期体检，至少结识三个医生朋友。

## 第四节必修课：创造价值

要学会挖掘自身的魅力，做自己感兴趣的事情，烹饪、插画、视频剪辑、写作都可以，然后用这些技能创造价值。当你越来越坚定、越来越自信、越来越认可自己的价值时，就会发现，你对赚钱这事会变得越来越得心应手，对这门功课的修炼也会越来越好。

## 第五节必修课：关系建筑学

本书中提到的自我关系、亲密关系、亲子关系、原生家庭关系、金钱关系，都是我们生命中非常重要的关系支撑。我们的一生都是在各种关系中修炼成长的。

真正的关系大师，都懂得像照顾珍贵盆栽那样经营人际关系，既不用塑胶花营造虚假繁荣，也不因落叶苛责生命无常。当你学会把婆婆的唠叨谱写成散文诗，将同事间的竞争变成优雅的探戈舞，让母女争执升华为行动艺术时，便会懂得：“关系不是束缚女性的枷锁，而是流动的滋养生命的源泉，那些让你受伤的关系裂痕，终将在智慧的浇筑下，绽放出更动人的纹路。”

# 18 35 岁以后，我会践行哪些日课？

35 岁之前，我的日课侧重于多巴胺驱动型成长；35 岁之后，我更注重由血清素主导的滋养系统，这恰好符合女性内分泌系统的自然演变规律。

## 一、能量站：让自己变得幽默一点儿

我拥有自己的“笑点文化”，就是给自己和别人讲笑话。因为幽默很重要，它能给别人带来很多欢乐。曾经我还给员工建立“笑点文化”，与其让员工各自刷手机看段子，不如主动引导他们：专注于“笑点文化”，去挖掘笑话，活跃团队氛围。

其中，有一个员工的性格原本郁郁寡欢，自从公司推行“笑点文化”并要求打卡后，她坚持每周准备几个笑话。慢慢地，变化产生了，她打开了心扉，变得开心了。当一个人获得更高的能量时，也会提高自己的事业能量，不久，她拿下了百万大单。

## 二、仪式感：爱上喝茶

对我来说，每天喝茶已经成为一种滋养自己的仪式。从挑选茶具，到温杯、投茶、注水、出汤……每个步骤都在调动感官，让我完全沉浸其中。

## 三、认知迭代：吾日三省

我每天都会进行多次复盘和反思，这能全方位激活我的觉察系统和升级系统，帮助我更好地持续提升能力。对我来说，反思不仅仅是对自己做的事情做复盘与总结，还是培养逆向思维的一种模式。

## 四、代谢革命：15 分钟健身法

我每周都会固定时间去上运动教练的课，让自己的身体保持良好的状态。就算再忙，我每天也一定会抽出 15 分钟来运动。在家里，我有独自的运动空间，会做一些拉伸、深蹲等，或者饭后在院子里走几圈，把运动这件事情简单化和日常化。

## 五、关系投资：每天对一个人好

每天都要对一个人好，这件事我坚持了很多年，给爱的人买奶茶、比萨，或者想办法对一个人好，对象不固定，但每天都会特意找个人表达善意。这就是我打造的“善意复利系统”。

35 岁之前，我们的日课可以是关于成长和赚钱的，但 35 岁以后，我强烈建议大家把滋养自己这件事提到最前面。

## 课后小练习

幸福行动：扫描二维码，关注公众号并发送“日课表”，领取相关资料。

第二篇

# 亲密关系

爱，是两个人的修行

人因爱而成长，
因付出而成熟

扫描二维码，关注公众号并发送
“亲密关系”，获取相关资源

# 19 如何正确认识亲密关系？

亲密关系是我们此生必修的课题，走过 20 年婚姻岁月，我和聪哥最大的感悟：好的伴侣不是等来的，而是共同经营出来的。我特别感谢，我的先生愿意陪伴我一起走过漫长的岁月，携手成长。

在这段旅程中，我对亲密关系最深的感悟是，人因爱而成长，因付出而成熟。

## 一、如果爱，请深爱

爱，是世界上最伟大的词语，这个词从被创造的那一刻起，就蕴含着巨大能量。爱，不是只有单一的付出，而是经历风雨后，我依然欣赏你在落魄中的模样；爱，不是只有一种表达方式，而是在每个普通的傍晚，买菜、做饭、孩子打闹的日常；爱，不是单一维度的碰撞与证明，而是日复一日的欣赏、鼓励、支持、理解、陪伴。

## 二、亲密关系中，你想要什么，就应该先去付出什么

你想要什么，就先去付出什么，不要等，不要靠，也不要期待。你只需要用心去经营，像小王子守护他的玫瑰一样，去灌溉、施肥、捉虫。

## 三、亲密关系中，你只是你

在亲密关系中，千万不要为了迁就对方而委屈自己去改变。真正健康的亲密关系，一定能够激发你成为更好的自己。就像有句话所说：“你不需要成为更好的别人，你只需要做更好的自己。”

在亲密关系中尤其如此。如果一段关系不能持续滋养你，不能让你更好地做自己，那它一定不是一段有益的关系。

记住：你是独立的个体，这是你的人生课题。而亲密关系是两个人共同创造的场域，当你把真实的自己代入这段关系时，反而你会成为更好的自己。

下面我把过去经营亲密关系的“五一工程”秘诀分享给你，希望你可以带着它从今天开始践行：

第一个“一”：给先生的一封信。当你在纸上一个字一个字地写下你们之间的甜蜜回忆时，你会发现：纸短情长，爱意绵长。

第二个“一”：一场约会。带着初见时的心跳赴约，保持那份重视和期待，你们之间就会有聊不完的话题和彼此的关爱。如果约会不能使爱增加一分，那么那顿饭也会变得无味。

第三个“一”：一个赞美。学会去赞美，去夸奖。要记住，男人不管多大年纪，心里都住着一个长不大的男孩。你的每一句真诚的赞美，你的每一分鼓励，都会让他对自己的信心多三分。

第四个“一”：一个拥抱或者一个吻。在《爱的五种语言》这本书中，有一条极其重要：肢体接触至关重要。一个吻，一个拥抱，都会让你们的关系持续升温。

第五个“一”：一场属于你们的电影。电影中主人公的故事会拉近你们之间的关系，也让你们拥有共同探讨的话题。在昏暗的电影院中十指相扣，依偎在对方的肩膀上，那种柔情的时刻最能增进彼此之间的情感。

“五一工程”是我在经营亲密关系的过程中，经常和爱人践行的小秘诀，你可以根据自己的实际情况践行。

每一段关系通常都会经历蜜月期、权力斗争期、死气沉沉期、伙伴关系期四个阶段。事实上，走过这些阶段，每个女性都会有突破性的成长，都能在亲密关系中照见更好的自己。

## 20 夫妻之间长久保鲜的秘诀是什么？

我和我的爱人聪哥从恋爱到结婚已经20年了，并养育了一个女儿和一对双胞胎儿子，五口之家幸福且欢乐。很多人经常问我：你们在一起这么多年，会不会腻？你们夫妻之间的保鲜秘诀到底是什么？

下面先分享两个超级重要的前提：

### 一、我愿意为这段关系负责任

什么是“我愿意为这段关系负责任”？我想为我自己的人生负责，这就意味着我要承认——在这段关系中，有我的一份责任。如果把这段关系比喻成一缸水，则其中有一半是我倒进去的。

可我们常常会认为，这缸水应该全部由对方倒进去。女性总觉得对方应该为我付出，应该承诺无条件爱我一辈子。或者男性具有男权主义，觉得女方应该牺牲多一点儿，应该遵从“三从四德”，应该伺候公婆和孩子，应该做饭。

这些“应该”从何而来？所以，我选择为这段关系负责：我知道这缸水中有50%是我倒进去的。不管发生怎样的事情，我都有50%的责任，而不是一味指责对方。

更可怕的是，有些人会走向另一个极端，把自己当成加害者。如果你承认自己是加害者，就会陷入无限的自责，觉得关系的崩塌都是自己的原因，罪恶感就会更深。

所以，在发生矛盾的时候，最好的态度是承担自己的责任，并认真思考能为这段关系做点什么。

## 二、关系大于情绪

亲密关系从来都不只是享受甜蜜，更是一场自我修炼的旅程。当你和自己的爱人相处时，只要牢记这两大心法，相处起来就会轻松很多。在日常琐碎的生活中，我们也要学会以下相处的小技巧。

第 1 个小技巧：赞美。不要吝啬你的赞美，要做到赞美自己的老公就像赞美自己一样。比如说，我老公今天换了一件衣服，我会夸他很帅，很有品味。他就会心情很好，非常自信地出门，同时，你也会得到滋养，一整天都有好心情。

第 2 个小技巧：感恩。我们对万事万物都要学会感恩，这一个动作就会让你的内心在平凡的生活中充满喜悦，会更懂得珍惜且感到富足。比如，当爱人给你倒了一杯水时，你的感谢会让你喝下去的水都变得更甜，也会让爱人感受到你对他的尊重。

第 3 个小技巧：道歉。道歉并不代表你就是错的，而是证明在这段关系里，你更勇敢，更有智慧。真正的道歉是说：

在一段亲密关系里，不管发生什么，我都承认有 50% 的责任，并愿意为此承担。

其实争吵的底层问题是，为什么你不认可我。比如，我和爱人争吵的底层问题是，你为什么没有看到我的价值？通过争吵，我们会看到更真实的自己，而且不要害怕争吵，偶尔的争吵会让彼此更亲近，你对他会更熟悉，也更了解他的诉求和需求。

当然，道歉也有一定的艺术性，如何把握好道歉的度，既给自己留有面子，又能化解争吵过程中的芥蒂，这部分内容详见下一个主题。

第 4 个小技巧：鼓励。女人要学会多鼓励男人，比如我爱人阿聪，他已经坚持打羽毛球好几年了。刚开始的时候，每到周末我都会带着孩子去球场陪他、鼓励他。没想到他越打越好，现在他的水平都快赶上一个专业选手了。更重要的是，这么多年他的身材一直保持得很好，这给孩子们树立了一个超级好的榜样。

第 5 个小技巧：承诺。夫妻之间必须建立明确的承诺和规则，并共同守护彼此的承诺，遵守规则。比如，我承诺在这段亲密关系中去修炼自己，而不是幻想“换个人就会更好”。正是这份承诺，在这些年的亲密关系中，不论遇到什么问题，都会让我们之间的亲密关系更牢固，更甜蜜。

夫妻之间要建立怎样的承诺和规则？结婚时的誓言，不仅是相爱宣言，还是成长契约。当一方不断进步，而另一方没有跟上时，要记得曾经的承诺。

当然，我并不是说这辈子一定要和同一个人共度余生。如果提到承诺，对方还是不能遵守，夫妻无法同频，此时，我们可以问问自己的内心，是否愿意等待，等待的期限是多久。无论你们是继续还是分开，都代表不了什么。我从不鼓励离婚或者不离婚，婚姻的关键是，你觉得自己过得好不好，你有没有真正爱过自己，遵从自己的内心去生活。

第 6 个小技巧：仪式感。人生需要仪式感，仪式感就是让今天看起来跟平常的日子不一样！很多人说，老夫老妻也需要仪式感吗？我的答案是，当然需要，并且非常需要，因为这是让自己开心，而不是要求对方为你做些什么。

充满仪式感的人生，会让人觉得更幸福！仪式感是一种保鲜剂。婚姻要保鲜，所以需要仪式感。仪式感就是让特定的日子和平时不同。结婚十几年，虽然我已是三个孩子的妈妈，但我和老公之间的仪式感从来没有少过。在特殊的纪念日，我们会空出时间过二人世界，或者一起做一件有意义的事来纪念重要的时间节点。

比如，某个情人节，我们预定拍婚纱照，通过照片留住回忆。还比如，我们家每年都会拍全家福，我和爱人约定每年有一两次二人世界的甜蜜旅行。

仪式感，不一定非要买贵重的礼物，或者刻意制造惊喜，可以是在固定的时间来一次亲密深谈，或者是在重要的时刻默默陪伴左右。

婚姻不易，整天“柴米油盐酱醋茶”，再加上几个孩子，硬是把我们挤成了黏在一起的糯米团子。这时候，把仪式感当作保鲜剂就特别重要——这不仅能给感情保鲜，还能让自己保持年轻状态。毕竟，保持开心才是最好的“防腐剂”。

仪式感是一种润滑剂。在没有仪式感的家庭中，孩子的幸福指数会降低。仪式感，对孩子来说就是一份重视，并且是特别重要的。

有些父母不善于表达爱，或者因为忙碌忽视了孩子，认为只要物质上给予支持，就足够了。其实，孩子真正需要的是一些充满爱的仪式感。

有仪式感的家庭一定会充满爱和学习的氛围，总会在潜移默化中提高孩子的生活品质和学习质量。在上学的日子，妈妈早起做一顿爱心早餐，会让孩子收获一整天的幸福；生日那天，父母用心准备一份礼物，会让孩子真正感受到爱和关注；周末晚上，父母放下手机去看一本书，会让孩子在耳濡目染中爱上阅读。仪式感就像亲子之间的润滑剂，能够滋养孩子的童年，让整个家庭被爱包围。

仪式感是一种调味剂。

仪式感，不仅存在于一段关系中，独处时也可以拥有仪式感。两个人时充满浪漫，一个人时也可以富有情调。比如，出差或旅行时，我会经常带上鲜花和香薰。

遇到开心的事，我会去购物，买一些自己喜欢的东西。在开心的时候，看到自己喜欢的东西嘴角都会上扬。给自己一份仪式感，生活有趣又美满。平淡是生活的常态。我们总要找到一种新的方式，让人生变得不一样！

正如，村上春树说的那样：

“仪式感是一件很重要的事情，它是对生活的重视，它让生活成为生活，而不是简单的生存。”

仪式感与刻意、矫情、做作、虚伪无关。它是你热爱生活的一种方式。给生活多一点儿仪式感，那么未来就会多一份幸福感！所以在第 6 个小技巧中，我多说了一些，目的是让大家更重视。好好利用两大心法和 6 个小技巧，经营好你的亲密关系，让自己更幸福。

## 21 亲密关系中最需要重视的有哪些？

亲密关系就像一支精妙的双人舞，既要步伐一致，又要给彼此留出旋转的空间。在这个充满张力的过程中，我们需要学会平衡独立与依存、激情与理性、自我与共同体之间的关系。下面我们探讨亲密关系中三个至关重要的维度：边界、金钱与忠诚。

掌握了这些，你不仅能守护自己的能量，还能让爱情在岁月中愈发醇厚。

### 一、边界意识：守护你们的“小宇宙”

我们就是孩子的原生家庭，从此刻开始我们需要建立自己和孩子的小宇宙。

中国社会正经历着前所未有的变革，女性经济与精神的独立，让亲密关系有了更多元的可能性。但无论时代如何变化，健康的边界始终是幸福的基础，具体如何做呢？

物理边界：尽量避免与父母同住。孝道不等于生活上的捆绑，适度的距离能让两代人感觉更轻松。你们的小家庭需要独立的成长空间，也需要自主解决问题的机会。

因为，你们如何相处，孩子未来就会如何对待他们的伴侣。

情感边界：永远不要向父母抱怨伴侣的缺点——除非你已决定结束这段关系，否则，你的抱怨就是给自己埋下随时吵架的“地雷”。公开场合维护对方的尊严，私下沟通解决问题。抱怨不会改善关系，只会侵蚀信任的根基。

## 二、金钱关系：理性与温情的合谋——金钱不是爱的刻度，而是关系的镜子

调查显示，70% 的婚姻矛盾与金钱有关。聪明的伴侣都明白：财务透明不是斤斤计较，而是对未来的共同担当。

建立家庭财务机制：开设共同账户，约定每月存入固定比例的收入，用于家庭重大支出（如房贷、教育）。剩余部分各自支配，保留经济自主权。

超越“谁赚得多”的焦虑：对家庭的贡献从不局限于金钱。全职主妇的劳动、伴侣的情绪支持，都是无价的投入。定期召开“家庭财务会议”，认可彼此的付出。

当你把“我的钱”和“你的钱”变成“我们的钱”时，你们才真正成为“我们”。

## 三、性能量的神圣性：忠诚是一种力量

性吸引力是伴侣间的私密语言，别让它沦为公共对话。

性能量是爱情最原始的燃料，而忠诚是守护这份能量的结界。

日常中的尊重：避免与异性单独饮酒、深夜聊天；在社交场合自然提及伴侣的存在。这些细节不是束缚，而是你对亲密关系的珍视。

阴柔之美的专属权：你最性感的一面应当成为伴侣的“特权”。这不是取悦对方，而是对亲密关系的一种仪式感——正如他也会为你保留阳刚中的温柔一样。

不妨常问自己：如果角色对调，你会有何感受？推己及人，是维系忠诚最好的方式。

在真正好的亲密关系中，爱是共同进化的。

亲爱的，好的亲密关系不会让你失去自我，而是让你在“我们”中遇见更好的自己。设立边界、管理财务、守护忠诚——这些看似理性的规则，最终会为你换来感性的自由：一种无须猜疑、不必妥协的底气。

# 22 亲密关系中如何正确谈性？

性不是爱的全部，但缺少性的爱，就像一杯未加糖的咖啡——少了些让人回味的甘甜。在女性成长的道路上，我们学会管理身材、经营事业，却很少有人教我们如何与生命最原始的渴望和平共处。我们习惯性地把“性”藏在阴影里，仿佛它是某种不可言说的禁忌。但今天，让我们轻轻放下这份不必要的羞耻，重新认识这份生命的馈赠。

## 一、破除羞耻——从“谈性色变”到“坦然以待”

记得5岁那年，我指着自己的私密部位，天真地问：“这是什么？”母亲慌乱地打掉我的手，低声斥责：“羞不羞？别问这些！”那一刻，我像犯了大错，再也不敢提起。

这份羞耻感像一颗种子深深埋进了我的成长里。后来，在亲密关系中，我总是不敢让伴侣真正靠近，甚至不敢在亲密时刻开灯——仿佛连自己的身体都成了需要隐藏的“错误”。

直到学习心理学，我才明白：好奇不是罪恶，而是生命最初的智慧闪光。那时的母亲，或许也只是不知如何回应。

如今，我从心理学的视角回望这段经历，终于能温柔地对自己说“你没有错，你只是渴望了解自己。”这份认知的改变，不仅让我学会接纳身体的每一部分，也让我的亲密关系变得更加自然、真实。我想告诉你：

（1）性器官和眼睛、手指一样，都是你身体神圣的一部分。

（2）长辈的回避让我们产生了羞耻感，但你可以选择重新养育自己。

建议每天洗澡时，对着镜子说："我接纳并珍爱身体的每一寸。"（坚持 21 天，感受变化。）

## 二、自我滋养——女性身心的温柔呵护

有规律性生活的女性，她的雌激素水平更稳定，皮肤更有光泽，整个人都焕发光彩。这不是放纵，而是高级的自我关怀。

你可以这样做：

（1）像挑选护肤品一样选择舒适的纯棉内衣。

（2）每月安排"私密花园"SPA 日（温水清洁 + 精油按摩）。

（3）经期前后用热敷缓解不适。

（4）给自己选择一款最爱的沐浴油，认真对待每一寸肌肤。

我想告诉你，身体是灵魂的宫殿，会保养皮肤的女人聪

明，而懂得关爱私密处健康的女人才是真正的智者。

## 三、伴侣沟通——让亲密时刻更美好

在两个人的私密空间里，你可以尝试这样的对话：

“最近我发现，如果……会更舒服。”（用护理话题切入）

“我们试试这个新买的香薰蜡烛好吗？”（借助道具减少尴尬）

“你刚才那样做的时候，我感觉自己像被珍视的公主。”（强化积极反馈）

## 四、高阶认知——性灵合一的能量法则

下面是你值得拥有的能量管理守则：

（1）性不是取悦他人的表演，而是自我能量的自然流动。

（2）高潮时的脑电波与冥想时的惊人相似。

（3）拒绝“例行公事”，每次亲密接触都应该是特别的体验。

你的需求不是羞耻，而是生命力的证明。当你能够坦然面对镜中的自己，能清晰地向伴侣表达“要什么/不要什么”，把亲密时刻视为自我探索而非义务时，你就掌握了女性力量中最珍贵、最澎湃的那把“钥匙”。

# 23 女性如何掌握性爱主动权？

很多人在谈论性的时候会觉得很羞涩，但是在今天，我想告诉所有的女性：好好爱自己，好好正视性爱。

性爱是情感最直接的传递方式。

## 一、女性是亲密关系中的主导者

性爱中的表达方式有很多种，身体的自然反应是最诚实的一种表达，语言、接吻、情绪也都是情感表达。

第一，在这个过程中有没有感到愉悦？是否足够享受？这个过程中会分泌多巴胺，会让女性产生快乐因子，皮肤也会变得光滑和细腻。

第二，女性要在性爱关系中学会成为主导者，学会让身体享受这个过程，更要用自己快乐和愉悦的方式引导你的爱人，并大胆告诉他你的敏感部位。事实上，当女性成为主导者的时候，会让你们之间的关系变得更和谐，更有趣。

第三，充分在性爱中释放你的女性魅力。你要知道上天在创造女性群体的时候，赋予了每个人独一无二的美，好好享受作为女性的权利，好好享受爱，享受滋养。

## 二、夫妻之间要有密语

夫妻之间的亲密可以像一场永不厌倦的探险游戏，充满激情。比如，你可以和先生设计一些游戏或者密语。我和先生有一个小密语：我要充电。每当我和爱人说这句密语的时候，他就知道我需要抱抱，需要他的肢体接触。

当两个人都用心经营这份亲密关系时，每一次触碰都像初恋般心动，每个眼神交流都带着甜蜜密码，你们会不断发现彼此新的魅力点，也会很期待对方给你制造的惊喜和浪漫。

## 三、性高潮在哪里

近几年，国内的离婚率越来越高，除了性格不合、家庭财产矛盾等，其中很大部分是因为性爱不和谐。

那么，到底是什么夺去了女生的性高潮？

（1）因为受传统思想的束缚，女性不敢大胆地表达需求，甚至会把性爱当作羞耻的事情。

（2）我们从小到大，父母都谈性色变，没有得到正确的性教育，甚至很多女生小时候受到过不同程度的侵犯。

（3）在亲密关系中，不懂得如何去享受性爱，没有启蒙，更没有系统学习。意外怀孕、妇科问题、经期问题等都在一定程度上产生性爱痛苦。

以上问题都让本该好好享受性爱的女性，封锁了自己的需求。

我们谈性也许只是出于好奇，但却会被误解成“坏女孩”，对我们进行批判。你要告诉当年那个小女孩，你只是出于对性的好奇，并没有做错任何事。

性爱对人类而言，就如同吃饭、喝水一样，是一种自然需要，无须感到羞愧。

性能量对女性而言至关重要，是女人延缓衰老的秘诀。不如从今天开始，你好好正视自己的身体，好好打造一场属于自己的亲密之旅，好好创造一份自己的密语，去爱，去享受，去创造。

# 24 为什么你总经营不好亲密关系？

“老师，为什么我总经营不好亲密关系？”

“老师，我的先生出轨了。我那么优秀，他居然还选择背叛，我好难过。”

“老师，我真的好想放弃这段关系，我太累了，感觉像在带孩子一样！”

在咨询中，我经常会被问到这样的问题。不得不说，如何经营亲密关系确实是一个超级课题。这背后牵扯的东西太多、太复杂，但难道因为害怕受伤，就要选择逃避和放弃吗？你要明白，这恰恰是认识自己、修炼自己的一个过程。

## 原因 1：没有认清男性和女性的不同

在亲密关系中，男性和女性确实像完全不同的两个物种。要想了解男性其实不难，他们往往都具有直线思维，思考方式非常简单、直接；而女性会更感性，情感会更细腻。这种差异体现在思维方式上，缘于生理构造的不同。

所以，在进入亲密关系前，需要做好功课：了解自己及自己希望能够找到一位怎样的异性，如我缺乏安全感，很希望找一个给予我安全感的男性；我缺乏价值感，很需要对方经常夸我，而不是盲目地开始一段关系，否则很容易“阵亡”。

## 原因 2：通过经营亲密关系来满足自己的需求

因为从小缺少被爱，被看见，被需要，很多女性在找另一半的时候，常常会通过亲密关系来满足自己的需求。比如，在被看见方面，希望自己做任何事情都能得到肯定，得到表扬，一旦没有被满足，情绪就会崩溃；在经济需求方面，很多人会寄希望于通过一段亲密关系去改变自己的财务情况、家族命运，甚至很多女性有嫁入“豪门”的梦想。

我想说，当你一旦把自己的需求寄托在别人身上的时候，反噬的都是自己，会让自己在亲密关系的泥潭里无法自拔。

而真正能救你的人，只有你自己。

曾经的我，总是渴望从爱人那里获得认可——做过的事情，如果得不到他的夸奖，就会感到失落。后来，我意识到，这种对价值感的渴求其实是在重复童年的模式。我清楚地记得，妈妈有重男轻女的思想，小时候无论我多么努力，也很难获得妈妈的肯定。当我回溯这件事时，看到了更深的真相：妈妈生长在重男轻女的环境，作为四姐妹中的一员，她觉得男生会给家里带来荣耀。我看到了自己，也看到了妈妈背后的故事，于是决定疗愈我与妈妈的关系。我先从自己做出改变，开始认可妈妈，不再去批判她。渐渐地，我发现妈妈身上有很多闪光点。

现在，我明白了，我不再让对方满足我内在小孩的需求，开始诚心付出。这也意味着，我不再向外寻求价值，而是从现实上认可自己的价值感。

## 原因 3：把伴侣当成自己的父母

在亲密关系中，很多人会不自觉地把自己的伴侣想象成自己的父亲或者母亲。

当这样的幻想一旦得不到反馈时，你内心会很崩溃，关系也会陷入僵局。我遇到过一个姑娘，在她 10 岁时父亲就去世了，后来一直想找一个像父亲一样的爱人。在亲密关系中她扮演的角色是像女儿一样撒娇、任性，最后导致亲密关系崩盘瓦解，之后重蹈覆辙，在几段关系中都是如此。

亲爱的女孩，你要找的是另一半，不是从另一半那里得到父爱或者母爱。这个时候我会建议你走进我创办的“爱的 5 种关系”工作坊，好好学习如何穿越这段关系，相信你一定会获得重生。

## 25 亲密关系中的沟通法则有哪些?

人们常说:“撒娇的女人最好命。”但我想说:“会沟通的女人最好命。”

作为家中的长女,这些年家族中大大小小的事情都是我在操办。我的爱人也有自己的原生家庭——父母和两个姐姐,但是这些年来我们相处一直很融洽,这背后的秘诀就是沟通的艺术性。特别是在亲密关系中,有几个至关重要的沟通法则。

### 一、学会聆听

沟通中最重要的法则是学会聆听,要听懂对方话语背后想表达的情绪和需求。比如,有一次我爱人回来分享他拿到了羽毛球比赛冠军,说这几个月的努力没有白费。事实上,他话语间透露出的渴望是很想得到认可。因为我听懂了他真正的需求,给出了恰到好处的回应,他特别开心。

### 二、沟通止于指责

当沟通过程中出现“你怎么又……”这样的句式时,谈话已经不是在沟通,而变成了指责。在沟通中,不要用“你”这个字眼去指责,去抱怨。当出现这样的时刻时,有效沟通就会立刻停止。

所以，在沟通前，你要有意识地选择想要的结果，而不是指责。指责不会给你带来好结果，只会使沟通停止，进而升级为争吵。

## 三、毫无保留的沟通

真正的沟通就是要敞开心扉，营造专属的仪式感和沟通空间。

2024 年 10 月， 我和爱人约好一起去青城山旅行。在度假过程中，我们讨论了一个很重要的话题：新房装修后，是否要把他的父母接过来一起住?

我希望保留小家庭的独立空间，并希望爱人与我有同样的观点，但在讨论过程中，我觉察到他闷闷不乐。于是，我跟他说：“夫妻之间如果有所保留的话会影响感情的。”在度假的轻松氛围中，我特意找了一个合适的时机，换了一种表达方式，坦诚表达了我真正的想法。他也第一次告诉我，他曾经对父母有过承诺：“无论我在哪里，都会为你们留一个房间。”

因为曾经有过这样的承诺，让他在每次讨论这个话题时，都不自觉地把我当作“不让他父母同住”的假想敌。

在深入交流后，我了解到他内心深处， 既希望有自己的独立空间，又希望能兑现对父母的孝心承诺。当我完全放下情绪，用理解的态度倾听时，他也放下顾虑，说出了内心真实的想法。

事实上，我的公婆也想拥有自己的养老空间，不希望过多干扰我们的生活。最后，我们约定了相处的边界和规则，比如我需要独立的茶室、在教育孩子的问题上需要大家和我保持“统一战线”等。

这样做，既保留了我对小家庭独立空间的需求，也实现了爱人对父母的承诺。

在这个过程中，我不断引导对方，让他说出心里话，这样双方都没有隐瞒。

通过这次毫无保留的沟通，让我们更加感受到彼此对家庭的爱，对双方老人的好，我们之间的诉求让这份爱产生了共鸣。旅游回来，我明显感受到他更轻松了，公婆也更能感受到我们对他们的那份爱意。

沟通真的需要技巧和方法，一旦你能做到敞开心扉，毫无保留。你会发现，收获的也是毫无保留的真心。

# 26 女性如何避免出现“恋爱脑”？

“恋爱脑”是一种爱情至上的思维模式，那些一旦恋爱就把全部精力和心思放在爱情和恋人身上的人，就可以形容她有一颗“恋爱脑”。

“恋爱脑”具体体现在：恋爱时，愿意付出一些不菲的代价去换取对方的满足、陪伴等，如放弃某个工作机会去陪对方等，自己所做的一切都是为了对方（比如，为了对方宁愿做出很大的让步），并且这种情况经常发生，不是偶然事件。

真正的“恋爱脑”并非单纯的浪漫幻想，而是潜意识将伴侣视为人生救赎者的病态依赖模式。这类女性往往存在以下三个典型特征：

（1）价值感外化：通过对方的肯定来确认自身存在的价值，如频繁询问“你爱我吗”。

（2）决策失能：重要的选择需征求对方的意见，甚至放弃事业发展机会。

（3）情绪寄生：自己的快乐完全取决于对方的态度，独处时会产生强烈的空虚感。

过度依赖型人格的人在恋爱初期会将依恋需求放大300%，这种失衡往往源自童年时期的情感忽视。值得警惕的是，某些“为你好”的行为实则是操控关系的“糖衣炮弹”。

## 一、去爱，去痛，去经历

这里，我反而会劝女性多去尝试，去经历，去恋爱。只有在尝试的过程中，你才会感受到自己是不是“恋爱脑”，你的恋爱模式是什么？情关是此生最难的一关，也许，这就是老天送你的一份礼物。

## 二、在爱中探索边界和价值观

在亲密关系中，你需要学会重塑价值坐标，比如每天记录3件与恋爱无关的有成就的事件（如完成某个项目、学会一道新菜）；建立“个人价值清单”：列出10项你欣赏自己的特质；定期进行“灵魂拷问”：如果没有他，我会活成怎样的一个人？

要学会给自己设置行为隔离带，比如每周保留20小时的独处时间，设置手机消息免打扰时段；保持3～6个月的生活费独立账户；拒绝无底线的包容，如言语攻击、冷暴力等。

## 三、实践双向滋养的恋爱哲学

健康的关系就像两个完整的圆相交，而非一个圆套住另一个。建议你遵循“50%原则”：工作/学习/自我提升占

50% 的精力，恋爱相关事务占 50%。

如果你在关系中能具有“风筝线”般的张力，既相互牵引又保有自由飞翔的空间，那就是抵御“恋爱脑”的最佳状态。

## 四、终极指南：允许自己成为“不完美恋人”

真正清醒的女性都懂得：不必用“完美人设”取悦对方，真实的脆弱反而最具吸引力；拒绝恋爱中的“情感等价交换”，付出应有底线而非无原则妥协；理解“不合适”是常态，及时止损比盲目坚持更需要勇气。

那些在爱情中始终保有“半杯水”状态的女性，往往更能吸引真正珍惜她们的人。记住：好的爱情，永远是让你成为更好自己的助力，而非迷失自我的“毒药”。

## 27 生育的意义到底是什么？

生育的真正意义是，你有机会重新把自己养一遍。

我们无法回到小时候，哪怕心理学的疗愈能让我们靠想象回到当时的情景去完成转换，但这对大部分人来说还是很难的。

如果你有孩子，这件事就会变得很简单。

因为你会很爱你的孩子，更容易宽容、理解一些以前在潜意识里无法原谅，或者过分苛责自己的事。

生育也是女性特有的一种功能，你会体验到做母亲的快乐，也能完成传宗接代的任务。

确实，没有孩子你会更自由，但有孩子会更圆满，你会有更丰富的生命体验。

## 28 结婚前，哪些是女性必修的功课？

有人说，人生有三次改变命运的机会：第一次是出生，第二次是高考，第三次是结婚。不管你认同与否，选择伴侣、步入婚姻，确实是人生至关重要的课题。

对女性而言，婚姻是一个重大的人生转折点。所以，在结婚前，你一定要做好这些功课：

第一，了解对方原生家庭的边界感。这关乎两个家庭的融合，你需要评估自己是不是应付得过来。

第二，警惕“妈宝男”现象。如果母亲和儿子的共生程度太高，母亲的控制欲太强，你需要考虑自己是否能应对，是否在意他们彼此的边界模糊。

第三，婚前压力测试。比如一起旅行，在短暂同居过程中你可以观察他的生活习惯。比如，你能否接受他弄到马桶上的尿渍；测试他是否主动考虑避孕，这体现了他是否真心爱你，是否从根本事情上保护你。

第四，正确地谈钱。结婚前需要非常正式地讨论家庭收入与支出、财政大权与资产配置等，提前将这些沟通清楚，会让亲密关系在未来发展的过程中更顺畅。

## 29 如何看待亲密关系中的冲突和争吵?

如果你总幻想着两个人在一起从来不吵架、不红脸，那我要告诉你：这只是一个美丽的幻想。其实，适当的争吵反而是感情的“催化剂”，是让彼此更深入了解的实战演练，但是要学会“有技巧的战略级吵架”，这才是经营感情的艺术。下面我们来聊一聊，如何正确看待亲密关系中的冲突和争吵。

### 一、吵架的本质是未被满足的需求在“呐喊”

那些看似鸡毛蒜皮的小事，比如袜子乱丢、洗碗拖延、忘记纪念日，背后其实藏着更深层的需求，“你不重视我”（尊严需求）、“我的付出没被看见”（价值感缺失）、“你不再关注我”（安全感匮乏）。

当你真正理解自己为什么争吵时，就能把“你总是……”这样的句式改为“我需要……”的表达；将抱怨“房间太乱”转为“一起收拾会更温馨”的邀请。

### 二、女性力量觉醒：温柔的掌控艺术

我一直分享经营亲密关系的“超级密码”：男性渴望被崇拜，女性需要被宠爱。确实，没有哪个丈夫会拒绝温柔似水的妻子，女性的柔情本就是最动人的魅力，你不需要活成“女战神”的样子。经常很多学员问我：“老师，如何避免‘河

东狮吼’模式？”“我要怎样才能变温柔，实在学不会呀！”

其实这是因为你觉得独立和霸道对你来说更重要，你需要盔甲来保护自己。这种模式你是跟别人学来的，如果你重视这段关系，而现在你的行为对你们之间的关系没有帮助，那你为什么不能换一种方式呢？换一种方式是为了让这段感情更好，示弱并不代表你输了。如果你真心爱一个人，就多想想他的好，如当初你们甜言蜜语非常相爱的时刻。记住：女人要如水般温柔。

## 三、把每次争吵都当成让感情升温的契机

在亲密关系中，关键是要智慧地看待每一次争吵。当你明白所有矛盾背后，其实都是没被满足的需求在“呐喊”时，就能把对抗变成共同成长的机会。比如，通过争吵建立彼此的规则和底线，另外还可以事后一起复盘改进。

真正的亲密关系不是没有争吵，而是吵完依然能看见对方眼中的光。当你能用温柔化解对方的攻击，用力量托住彼此的脆弱，用成长陪伴成长时，那些曾经引发“战火”的琐事，终将成为你们爱情故事中最闪亮的星星。最好的爱情，是让两个真实的人在碰撞中绽放出更耀眼的光芒。

## 30 争吵时，最应该练的“魔法咒语”是什么？

在争吵过程中，我们总是控制不住说出伤人的话，这背后往往隐藏着两个心理动机：一个是操控心理，另一个是罪恶感。

操控心理是指，明明知道对方的软肋，在争吵过程中就去戳这个痛点，试图用语言暴力让对方屈服。

例如，我知道闺蜜很爱她的孩子，只要我说她不是好妈妈，她就会很受伤，进而在争吵中失去力气。

其实，在亲密关系中我们都有阴险的那一面，非常擅长用伎俩和手段去拿捏对方。这是我们的“王牌”，甚至是“尚方宝剑”，但这并不利于亲密关系的持续发展。

此时，最好的做法是收回“尚方宝剑”，改为道歉：对不起，我收回我说的话，我伤害到你了。如果没有真正认识到这一点，道歉就会沦为机械行为，对修复感情没有丝毫作用。

所以，如果我们想化解争吵过程中的芥蒂，要先真正从自我意识上有所改变。

在争吵中，我们潜意识里总在玩“我对你错”的游戏。以为嗓门大，据理力争，对方就能听我的，我就能以胜利者的姿态赢得这场“战争”。但事实上，争吵从来就没有赢家，因为我们真正想说的是：“你为什么没看到我的需要”。

道歉的真正意义在于，我看到了自己不堪的一面，并愿意为此负起责任。这是缓和争吵的开端，是超级“灭火器”。只要有一方先道歉，对方的歇斯底里就能得到缓解。

所以说，先低头道歉的那一方不是理亏，而是更智慧，更大度，懂得给争吵“踩刹车”，让彼此成熟地进行表达。

成熟的表达才能化解争吵过程中的芥蒂，而道歉是化解的开始。

## 31 应该何时在亲密关系上喊停?

如何判断一段关系是否滋养你，事实上就看这个人和你在一起的时候，是否能激发出你的善良、积极和向上向善的一面。那么，该如何决定在一段亲密关系中喊停呢?

### 一、不可逾越的“生理安全”红线

生命健康高于一切，如果出现以下情况，必须立刻终止关系：发生无保护性行为且拒绝使用避孕工具，言语辱骂升级为肢体推搡或威胁行为；明知你有过敏史仍强迫食用含过敏源的食物，或故意传播传染病。如果一个人连你的基本健康都不在乎，请坚决喊停，迅速撤离。

### 二、安全感崩塌警报

比如，未经允许查看你的手机、定位，甚至安装监听设备；恶意诋毁你的亲友，切断你与外界的联系；以爱为名，禁止你的正常社交、工作、学习等。

### 三、情感“吸血鬼”

比如，你在关系中的情感付出是对方的5倍以上，并长期感到疲倦；每次沟通都以抱怨、指责收场，毫无建设性；对方从未为你的人生规划提供建设性的意见 。

## 四、信任崩塌

比如，重复性出轨，屡次践踏你的底线；隐瞒重大债务，恶意转移财产；涉及人身安全或重大人生决策的欺骗。

真正的爱，不是永远不放手，而是在暴雨中为彼此撑伞，在洪水来临时懂得保全自己。

# 32 如何识别亲密关系中的“情感绑架”？

直面问题，做自己。

在结婚的初期，我的爱人也会以“爱我”的名义，希望我做一些他认为为我好的事情。大家懂吧？就像妈妈觉得你冷，硬是要你多穿两件，而你却觉得不冷的感受。

这种“为我好”的背后往往隐藏着控制欲，让我窒息，是我的至暗时刻。每当这个时候，我就问自己：我想过怎样的人生？我意识到，我不是任何人的傀儡，我是我自己，我不能成为对方期望的样子。父母都不能为我的人生负责，更何况我的另一半？

清醒之后才懂：我的人生不该依附任何人。我想要什么样的生活，想做什么样的事，只有我自己能决定，任何人都无法剥夺我的权力。

真正爱一个人，就是让对方做真实的自己。以前的我总在妥协，以为牺牲自己的感受就能换来更多的爱和认同。后来才明白：想要温暖别人，必须先学会爱自己。

## 33 为什么高段位的爱人都在做给予者？

以前，我总以为只要爱人多爱我一点儿，我就会感觉更幸福。于是，我尝试不断地跟另一半要爱、关心和理解，结果不管另一半怎么给，我都觉得不够。直到我开始改变，不再一味索取，而是主动给予关心、理解和爱，这样我反而得到了更多。

这让我明白了一个道理：你想得到什么，就要先种下什么，在任何关系里都是如此。正如《金刚经》里说的“种子法则”：种善因，得善果。

在亲密关系中，批评和冷战并不能改变一个人，唯有爱可以。我选择不做关系中的受害者，也不做加害者，而做责任者——对自己的幸福负责任。遇到问题，我不抱怨、不僵持，而是去寻求办法，推动关系向前走。我时常和老公说：在婚姻中，我们是平等的。外面的世界早已不是“男主外、女主内”了，我们要共同承担家庭责任。

在我看来，婚姻，其实就是一种投资关系。在关系中，你投入多少爱、尊重和关心，就会收到多少回报。爱不是索取，而是付出。所以，找到在乎自己的“人生搭档”，比追求“灵魂伴侣”要靠谱一百倍。

# 第三篇 亲子关系

好的家风，是孩子一生的底气

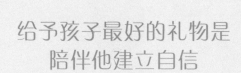

给予孩子最好的礼物是
陪伴他建立自信

# 34 养育男孩和女孩的区别有哪些？

我女儿今年 18 岁，我还有一对 12 岁的双胞胎男孩。在养育男孩和女孩的过程中，我深刻体会到，男孩和女孩在体质、心理、需求上完全不同。女孩的心思细腻、敏感，男孩皮实、贪玩、好动。

我很感谢他们来到我的生命中，是他们重新将我养育了一遍。在养育他们的过程中，我也在学着成为更好的自己。

## 一、养育孩子，先“变成孩子”

不管是男孩还是女孩，对他们最好的教育方式就是站在他们的角度思考：“想一想，如果我是他，此刻我的需求是什么。”0 ~ 3 岁是孩子安全感、情感连接和性格养成的关键时期，作为父母，一定要给予他们深度陪伴。

不管是男孩还是女孩，品格的培养一定是第一位的，要让他们身心健康、阳光快乐、人格健全、情绪稳定、全面发展。

## 二、养育孩子，先了解孩子

俗话说“三岁定八十”，确实，孩子从小养成的性格和习惯会影响他的一生。以我的经验来看，养育女孩和男孩需要不同的方式。

女孩天生爱美、情感细腻，养育时要更关注她们的心理成长、身体变化、审美培养、安全教育等。她们情感细腻，渴望得到情感陪伴，更希望父母能体会她们的感受。男孩则要养得皮实一些，重点放在品格塑造、运动能力培养和学科的选择上。他们喜欢和父母一起玩，如打球、下棋等，特别需要父亲的陪伴。

总之，养育的关键在于先了解孩子的需求，并努力成为他们的支持者、陪伴者和引导者。

## 三、养育孩子，同时养育自己

养育孩子的过程，其实就是重新养育自己的旅程。在这个过程中，父亲的参与至关重要。他需要扮演陪伴者、守护者、创造者和榜样者的角色，让孩子感受到安全感和幸福感。

当我们陪伴孩子成长时，会在他们身上看到各种需求、渴望、情绪，也会体会到包容和爱的力量。这个互动过程无形中提升了我们自己的智慧和能量，让我们从内到外把自己重新养育了一遍。

# 35 孩子敢快乐的底气来自哪里？

孩子快乐的底气藏在父母的智慧里。

在游乐场见过这样的场景：孩子每次从滑梯上滑下来，都要转头望向父母，直到得到鼓掌才敢继续玩。这让我不禁思考，当快乐需要他人认可时，它已经不再是纯粹的快乐了。孩子天生拥有快乐的能力，而这种快乐却在成长中被我们以“爱”的名义不知不觉替换成“表演性快乐”。真正的养育，是培养孩子敢快乐的底气，保护他们心灵中那份原生的快乐系统。

## 一、父母情绪稳定的“空白画布”——给孩子充分的允许

你有没有过这样的经历：在自己情绪不好的时候，忍不住对孩子吼“你不要吵！”那一刻，孩子无辜受伤，他们可能认为：“自己不可以笑，也不可以太快乐。”父母的情绪，就是孩子情感世界的底色。当我们保持情绪稳定，给孩子充分的允许时，就像给孩子一张空白画布，他可以自由地描绘自己的情感。

## 二、不相信有“坏孩子”的存在

我家小宝曾经是一个脾气暴躁的孩子，很容易发脾气。

我用了一年的时间耐心陪伴他，让他学会表达自己的情绪。后来，他慢慢地变得平和、开朗了。

为什么他能有这样的变化?

因为我从不相信有“坏孩子”的存在。

我对他的信任是无条件的。我始终坚信“人之初，性本善”。我自己就经历过不被父母信任时难过的时刻，所以更明白——如果连生他的妈妈都觉得他是个“坏孩子”，那么他心里该有多难过。

所以，即便全世界都不相信他，我也会无条件地站在他这边。

## 三、让孩子真正敢表达

我们做父母的也有情绪不好的时候，但常常习惯将情绪积压在心里，不表达出来，结果事后越想越委屈，甚至忍不住埋怨自己。其实孩子也是一样的，当他们不敢表达时，情绪就会积压在心里。而且孩子小，他们真的不懂如何表达。所以，作为父母，我们要细心观察孩子的情绪，并引导他们说出来，让情绪自然流动，还可以通过肢体接触让孩子感受到我们满满的爱。快乐源自让孩子敢于释放自己的情绪。

## 四、一个敢快乐的妈妈

妈妈的快乐和情绪，对孩子的影响尤其重要。孩子生活在一个充满快乐、幽默和良好情绪的家庭里，他会变得更快乐、乐观且拥有更多智慧。

哪怕大小宝都快12岁了，我还会带他们玩“老鹰抓小鸡”的游戏，一家人玩得很开心，经常哈哈大笑。除此以外，我们还经常玩“撕名牌”“猜名词”“你画我猜”的游戏。

要想让孩子真正具有敢快乐的底气，不是给孩子建造“坚不可摧”的城堡，而是培养他修复瓦砾的能力；不是给他提供“取之不尽”的糖果，而是帮助他守护品尝粗茶淡饭的味觉。当我们不再用“为你好”的颜料涂抹孩子的人生画布，不再用焦虑修剪他们成长的枝丫时，孩子与生俱来的快乐基因自会破土而出。这种底气，终将成为他们穿越人生风雨的根脉，在岁月里开出不取悦任何人的花。

# 36 成就孩子的“超级法宝”从哪里获得？

真正的自信不在泛泛的夸奖里，而在具体细节的照亮中。成就孩子的“超级法宝”，就是在细微处种下自信的种子。

## 一、精准鼓励：在一件小事上看见光

女儿小时候打预防针时，那个让她爱上打针的苹果贴纸，实则是精准鼓励的范式。更值得借鉴的是，护士的“细节照亮法”：她没有简单夸她“勇敢”，而是说“你手背的放松姿势很标准哦！”这种具体到动作细节的肯定，比空洞的表扬更能让自信扎根。

## 二、无条件信任：给孩子一张“空白支票”

儿子第一次参加夏令营时，我在他背包里偷偷塞了一张纸条：“妈妈相信你可以独立完成这次挑战。”后来，他不仅顺利度过，还拿了夏令营优秀奖杯。这种“我知道你行”的信任，远比唠叨“注意安全”更有力量。

## 三、机会教育：让他成为事件的参与者

真正的兜底不是永远铺好软垫，而是设计“可承受的坠落实验”，让孩子成为事件的参与者。

我家有一个桌球室，有一次一群小朋友在玩桌球时不小

心把瓷砖地面砸破了，但没人知道是哪个孩子不小心造成的。我爱人没有急着责备孩子或直接处理这件事，而是召集家里的小朋友开了一场“智囊会议”。

鉴于地面破损的实际情况，让小朋友针对这个问题出主意：以后如何避免再次发生这样的事情？孩子们开始“头脑风暴”，有人说，以后不玩了；有人说，放置一个地垫；还有人说，给桌球的桌脚和桌球杆都戴上“手套”！在这个过程中，孩子们不仅认识到这件事的后果，还主动思考解决方案，甚至提出了让人惊喜的点子。

当时，孩子做错了事，觉得肯定会挨骂，而我爱人没有去责备他们，而是让他们拥有更多表达的空间，发挥自己的奇思妙想，最后还获得一个大人都没想到的解决方案——给桌球杆套一个保护套，孩子都觉得特别有成就感。这是一次成功的“机会教育”，不仅解决了问题，还让孩子对自己做的事情负责，在面对无助时，也增加了他们解决问题的勇气。

# 37 如何成为孩子真正的智慧型父母?

智慧型父母不是永不犯错的“完美超人”，而是能在风浪中稳住方向，带领孩子前行的“领航员”。

结合我养育三个孩子的经验，智慧型父母的核心在于，搭建“三角灯塔”。

## 灯塔一：情绪稳定

情绪稳定的父母会成为孩子的“非焦虑存在”，是孩子情绪的转化器。当女儿因玩拼图失败大哭时，我不急着安慰或打断，而是安静地坐在她身边，让我的呼吸频率慢慢同步她的抽泣。这种无声的陪伴不是冷漠，而是用稳定的生物节律给她搭建“安全岛”。真正的情绪稳定不是压抑焦虑，而是学会把“情绪风暴”转化成可理解的“天气报告”。

比如，在台风天气，我不说“别怕”，而是和孩子一起观察：“这次树倾斜了 8°，比上次的 15° 温柔多了。”这种将危机转化为认知游戏的能力，才是情绪教育的精髓。

## 灯塔二：言传身教

最好的教育，就是把自己活成一本动态教科书。我见过最震撼的晚餐仪式：父母每周都分享一个工作上的失败案例。当孩子的爸爸讲述提案被拒绝的时候，孩子看见的不是挫败，而是反复调试方案过程中闪闪发光的眼睛。这种“示弱”教育比任何成功学的说教更有力量——它让孩子真正明白，成长就是一个不断试错、持续迭代的过程。

在我家，我们专门打造了一个“错误博物馆”，里面收藏着各种“失败文物”：烤焦的蛋糕标本、开裂的陶艺作品、打满红叉的数学卷等。每个展品旁都详细标注着当时的应对策略，这些具象化的生存指南，比任何奖状墙都更能塑造孩子们的韧性。同时，我们还布置了一面“成就树”，把孩子们每一个小小的进步都用树叶贴纸进行可视觉呈现。教育神经学的研究证实：那些经常目睹父母从容应对失误的孩子，他们大脑前额叶皮层的决策区域比同龄人发达 29%。

## 灯塔三：爱的复利

我经常带孩子们实践“关怀微行动”——遇到环卫工人时说“谢谢”，主动跟小区保安热情地打招呼，对同学或朋友多加照顾。因此，女儿成为同学们的“知心姐妹”，她们都喜欢和女儿倾诉心事；大小宝在打球过程中，也会主动给教练和队友买水。这种具象化的爱意训练比抽象的道德说教更具生命力。真正的爱的教育，是让孩子理解善意如同复利投资，微小但持续的行动会随时间产生指数级的回报。

在我们家的“情绪天气预报”早餐会上，每个人都要用天气形容当日心情。当儿子说“妈妈，我今天的心情是多云转阵雨”时，我会摊开手掌承接他的“雨滴”。这种将抽象情感具象化的仪式，会让孩子建立独特的情感表达方法。

真正的智慧型父母如同三棱镜，能将混沌的成长白光分解成清晰的七彩光谱：用稳定的情绪过滤焦虑的杂音，用真实的身教折射知识的光谱，用爱的复利合成生命的能量。这并非要求父母成为完美的人，而是邀请我们在养育中完成自我蜕变——当父母把自己活成持续进化的生命体时，孩子自然能听懂——成长本就是生命最动人的韵律。

# 38 给孩子最宝贵的财富到底是什么？

当我们思考给孩子留下什么时，脑海中首先浮现的可能是房产、存款或事业基础。但真正睿智的父母都明白，那些看得见的资产远不如看不见的生命礼物来得珍贵。下面我想与你分享七份比金钱更值得传承的人生财富。

## 第一份礼物：沟通的钥匙

教会孩子“如何说话”远比“说什么”更重要。一个善于表达的孩子，能在面试中展现优势，在困境中获得帮助，在爱情中传递真心。不妨让孩子从小就参与家庭会议，鼓励他们有条理地表达观点，这将赋予他们打开世界大门的“金钥匙”。

## 第二份礼物：传统的根脉

在每年清明带着孩子扫墓时，不妨讲讲祖辈白手起家的故事；在春节团聚时，一起重温家族的习俗。这些仪式不是在重复过去，而是在孩子心中种下“我从哪里来”的种子，让他们在未来闯荡时永远记得回家的路。

## 第三份礼物：生日的祝福

当我们在孩子生日那天点亮蜡烛时，其实是在告诉他们：

“你的存在本身就是一个庆典。”这种被珍视的感觉，会内化成他们成年后面对挫折的底气——我值得被好好对待。

## 第四份礼物：手足的盟约

观察那些百年家族，它们往往不是靠某个天才维系的，而是靠兄弟姐妹间的守望相助。创造机会让孩子们共同完成一件事，他们会懂得：血浓于水的“羁绊”是人生最可靠的“保险”。

## 第五份礼物：专属的确认

当孩子委屈地问“妈妈更爱谁”时，我会看着他的眼睛说：“我爱你全部的样子，这个世界上只有一个特别的你。”这种独一无二的爱能让孩子摆脱比较的焦虑，活出自信从容的人生。

## 第六份礼物：自我的许可

强迫百合像玫瑰一样绽放是徒劳的，发现孩子擅长的领域，哪怕这与家长期望的不符也要给予支持。被允许做自己的孩子，才有勇气在未来坚持自己的选择。

## 第七份礼物：文化的底色

每晚睡前讲述家训故事，在客厅悬挂祖辈的处世格言。这些文化基因在孩子面临重大抉择时会被自动唤醒，成为他们判断是非的指南针。

真正的传承不在于给孩子多少，而在于让他们成为什么样的人。当我们教会孩子沟通、感恩、自爱、互助、自信、做自己和坚守初心时，我们给予的是一套完整的生命操作系统。这套系统在我们离开后会继续运转，让他们在风雨中为自己撑伞，在黑暗中为自己点灯。

这才是为人父母最深刻的智慧，最动人的深情。

## 39 如何把握包容孩子的“度”？

明明知道这件事他做错了，难道还允许他继续做下去?

首先我们要想清楚，什么是错误? 这个“错误”是谁定义的? 很多时候，我们制定规则的背后，隐藏的是控制欲。

比如，孩子想辍学， 表面上看这是“不对”的行为，但这个时候你反而要鼓励他， 不是鼓励他辍学，而是了解孩子产生这个结果的原因。

最近，我儿子突然告诉我： 不想上学了。经过追问才知道，原来他午睡时贪玩，被老师严厉批评。你看，他是因为害怕不想上学。

这里的关键是， 不要轻易给孩子贴上“坏孩子”的标签。

即使真正辍学了， 我都不觉得他是个坏孩子。无论如何我都要去了解他，让他感到富足，感到被理解。

即便别人认定自己的孩子犯错了，也不代表他就是错的。

最近发生另一件事，代课的语文老师在课堂上批评大宝开小差，他刚想解释自己是因为没听明白，正和同桌探讨，老师就立刻斥责“我不想听你辩解，你就是在浪费大家的时间”，并罚他抄 3 遍课文。

小宝听说这件事后，跟大宝说：“放心，回家告诉妈妈，妈妈肯定为你做主，不用抄课文。”当大宝回到家跟我详细说明这件事情时，我下意识的第一反应是：“大宝被误解了。”

虽然最后大宝担心老师找妈妈麻烦，自愿选择抄写，但他的关注点不一样了——抄写是不想给妈妈添麻烦，而不是觉得自己不对。

作为父母，很多时刻要为孩子“撑腰”，这种无条件的支持，能帮助孩子建立正确的价值判断。这样，孩子长大后，才不会轻易被外界的各种声音左右，才会懂得坚定做自己。

## 40 父母的情绪对孩子有哪些影响?

孩子的情绪就像一面镜子，直接反映父母的状态。如果父母整天总是愁眉苦脸，孩子也会变得小心翼翼；如果父母总是温和从容，孩子也会像小太阳一样暖洋洋的。举一个真实的例子：邻居家孩子的妈妈每次接电话都大声嚷嚷，结果她 5 岁的女儿和小朋友玩“过家家”时，也叉着腰，凶巴巴地模仿妈妈打电话的样子。这就是为什么我一直提倡做情绪稳定的智慧型父母，因为情绪的传染力太强了。

在情绪的认知方面，孩子的情绪认知是通过观察父母的情绪反应建立的。父母的情绪表达方式会影响孩子对情绪的分类和理解。比如，父母总是压抑自己的情绪，不轻易表达愤怒、悲伤等负面情绪，孩子可能认为这些情绪是不好的，不应该表达。

在自尊心和自我价值感方面，当父母保持积极状态，经常鼓励孩子、用温和的语气和孩子交流时，孩子会真切地感受到：他是被爱的。相反，如果父母经常处于愤怒、焦虑等消极情绪中，对孩子进行指责或者忽视孩子的感受，孩子就会觉得自己很无能，自尊心受到打击。长期下来，这种较低的自我价值感会深深扎根。

在心理健康方面，父母的焦虑情绪和抑郁情绪都会给孩子造成严重的心理伤害，孩子会感到被忽视、缺乏安全感。长期处于这样的环境中，孩子可能会出现情绪低落、社交退缩等抑郁倾向，特别影响其人格的正常发展。

## 一、父母的脸色是孩子的“晴雨表”

首先，在情绪认知方面，如果爸爸遇到堵车就骂骂咧咧，那么孩子很可能就学会“生气就摔东西”的习惯；如果妈妈被领导批评后还能哼着歌做饭，孩子就明白坏心情是可以自己调节的。其次，在自信心养成方面，经常被父母鼓励的孩子，就像天天被浇水的小树苗。比如，孩子考了 80 分，智慧型父母会说：“比上次进步了 5 分呢！晚上我们当“侦探”一起找出错误的原因好不好？”在我家，如果孩子打碎花瓶，第一时间一定不是骂孩子，而是先检查孩子有没有受伤，然后笑着说：“这个瓶子是爷爷当年花 5 块钱买的，我们正好可以一起将它们拼贴成艺术品。”

## 二、身体比嘴巴更诚实

当父母焦虑时，孩子可能会出现夜里突然尿床、吃饭像小鸡啄米、经常肚子痛但去医院又查不出原因（医生说是“情绪感冒”）等情况。事实上，孩子能非常敏锐地捕捉到父母的情绪。

最原始的学习方式就是模仿，孩子在成长过程中会模仿父母的行为，如果父母遇到问题积极乐观，采取有效的方式解决问题，孩子在潜移默化中也会学会这种处事态度。

## 三、智慧型父母这样做

（1）按下“暂停键”：当你想发火时，深呼吸5秒，就像手机发烫了需要冷却一样。

（2）设置情绪存钱罐：每周全家选一个“快乐小时”，可能是“比萨电影夜”，也可能是去河边打水漂，把好情绪存起来。

（3）实话实说：不用假装永远开心。你可以说：“妈妈今天工作好累，我们安静地玩拼图好吗？”其实孩子很愿意体谅父母。

没有完美的父母，就像没有不摔跤就学会走路的孩子。今天多给孩子一个微笑、一个拥抱，都是在往孩子的“心灵银行”存钱。这些温暖，终将变成孩子将来面对世界的勇气。

# 41 如何自然地和孩子聊性教育的话题？

作为妈妈，每当听到孩子问“我是从哪里来的？”或者“女生为什么有月经？”时，我常常既想保护他们的天真，又担心错过教育的时机。其实，最好的性教育就像睡前故事一样自然温暖，它不是一件难以启齿的事，而是我们身体正常的生理现象。试试以下这些“妈妈牌”沟通魔法，让知识在爱的氛围里悄悄萌芽。

## 一、捕捉黄金提问时刻

记得有一次带女儿逛超市，她突然指着货架上的卫生巾问：“这个能止血吗？”我蹲下来搂住她说：“宝贝，你发现了身体里的小秘密通道呀！就像水管偶尔会漏水，我们需要特别的工具来保护它。”然后顺手拿起货架上的一盒酸奶作比喻：“你看，这个像不像每个月给城堡修缮一次？”

当儿子在泳池中盯着其他男孩问“为什么‘鸡鸡’会立起来”时，我笑着指着他的“小鸡鸡”说“这是身体里的小卫士在站岗哦！就像你瞌睡时眼睛会闭起来保护视力一样”，并趁机教他认识：“保护隐私部位，要从洗澡时认真清洁开始。”

## 二、关注孩子的成长和变化

在孩子的成长过程中，爸爸妈妈要分角色配合，在不同阶段适当地通过阅读绘本、故事，参观主题展览的方式陪伴孩子度过性发育阶段。当你很坦诚、自信地和孩子讨论这个话题时，孩子对自己身体的认识也更有底气。

## 三、种下价值观的种子

当你想和孩子聊“第一次”这类话题时，不妨把谈话变成有趣的游戏挑战。记得有一次，我和女儿从电影院看完电影回家，女儿还被电影中的爱情故事感动得一塌糊涂。我抓住这个契机，和她深度聊了聊伴侣之间的“亲密第一次”。同时，我也告诉自己的女儿：你是如此珍贵，要学会更好地保护自己。

还有一次，我因为头疼躺在客厅的沙发上，闻到饭菜味就想吐。大宝放学回来看到我，关切地问：“妈妈，你怎么了！”我开玩笑地说：“妈妈怀孕了！”没想到他比我还紧张，然后问了很多问题。就这样，我借此机会和他聊起了“孩子是从哪里来的”这个话题。

作为父母，当孩子聊到和“性”有关的问题时，不必过度紧张或者含糊其辞。相反，我们可以大大方方地和孩子一起探讨、学习。事实上，有时候孩子比我们更加智慧。当孩子第一次主动说“妈妈，我要教你认识我的小身体”时，那种被信任的感动，就是对我们最好的肯定。让我们用温柔而坚定的爱，为孩子筑起理解生命、尊重自我的第一道智慧之墙。

# 42 孩子早恋了怎么办?

当发现孩子开始对异性产生好感时，我们的第一反应往往是紧张和担忧。

在我看来，“早恋”这个说法本身就带有批判意味，它不过是孩子成长过程中的自然现象。青春期情感的萌动，是孩子生理和心理发展的必经阶段。与其将其视为“洪水猛兽”，不如把它理解为孩子正在经历人生的重要成长阶段。

在这个阶段，父母可以协助他/她建立对亲密关系的认知。

在这个信息爆炸的时代，即便我们不主动教导，孩子也会通过各种渠道接触到情感话题。与其让孩子在暗处摸索，不如我们给予正面的引导。

当我们发现孩子有情感动向时，要做的不是批评、批判，而是平复自己的焦虑，避免带着焦虑的情绪去沟通，伤害到孩子。

我们可以试着回忆自己青春期的经历，用同理心去看待这件事，创造安全的对话环境。

比如，在散步时，以轻松的方式开启话题：“最近学校里有什么新鲜事吗？”用开放性的态度引导孩子分享：“宝贝，可以跟妈妈聊聊你身边的好朋友吗？”

在倾听时，我会用心关注孩子的感受，而非事情的细节，适时询问："在这段友谊中，你感到开心吗？"

记得有一次女儿跟我分享，同学的父母因发现孩子恋爱而大发雷霆，把她同学骂了一顿。女儿试探性地问我："如果我谈恋爱，你会骂我吗？"

我回答道："我为什么要骂你？我认为互相欣赏是很正常的事，对异性产生好感是成长的自然过程。"

重要的是，我们要帮助孩子区分爱与喜欢的区别，让他们明白同学间的好感更多是一种互相欣赏。同时，我们也要教导孩子建立责任意识，真正的喜欢应该是互相促进、共同进步。

除此之外，我们还邀请她的同学来家里吃饭，通过聚餐等轻松的活动了解孩子的交友情况。

我们不要用暴力的沟通方式把孩子推开，要把她身边的人融入我们的生活空间，这样更容易让孩子敞开心扉，而不是将心事隐藏。青春期的孩子开始形成独立思考的能力，我们要以朋友般的姿态陪伴孩子成长，这样他们才更愿意分享内心的困惑。

所以，当孩子情窦初开时，我们要做的不是筑起高墙，而是点亮明灯，帮助他们在成长的道路上走得更加稳健。用理解代替指责，用引导代替禁止，这才是陪伴孩子度过青春期的正确方式。

# 43 如何引导孩子读书和学习？

第一，充分陪伴和鼓励。我家小宝以前上课很不专注，但越骂他，他越分神。后来我改变策略，从陪他专注 10 分钟开始。每当他做到了，我就鼓励他："你看，你能做到吧！"慢慢地增加到 15 分钟、20 分钟……让他一次又一次看到，他是可以的。现在，他的专注力明显提升而且特别喜欢读书。所以我们引导孩子读书，先要了解孩子的特性，如果父母都不愿意花时间了解孩子，还有谁会爱孩子，理解他。

第二，激发孩子的内驱力。让孩子明白学习是为了自己，不是为了父母。女儿上高中时，我带她走访了多所大学。当她踏入自己心仪的那所大学时，眼睛都亮了。从那以后，她就决心努力进入自己喜欢的那所大学。以前，放假后她很少早起，但这个假期，她主动每天早上 7 点起床，然后打车去上课。她在数学竞赛中屡屡获奖，这种成就感让她越来越爱学习。

第三，专业的事交给专业的人。在学习这件事上，时间管理很重要。为了让孩子学会分配自己的时间，在他们七八岁时，我送他们上时间管理课，让孩子从小学会掌控时间。学会规划时间这件事不难，但还是让专业老师来教更有效。

## 44 如何培养孩子的金钱观，教会他们理财和消费？

### 一、孩子第一次获得钱很重要

这次经历决定了孩子对钱的认知。小时候，我对钱的第一个认知是，我想要就会有。从小父母都让我支配自己的压岁钱，这让我觉得钱来得很容易。第二个认知是，钱到手就要花出去。

我小时候有过一次偷父母钱的经历，当时认为这个钱不能被别人知道，而钱不花出去就会被人发现。所以，学习理财对我而言没有用，因为我根深蒂固的观念是，钱到手就要花出去。成家后，家里的投资和理财都交给我的爱人打理。

因此，孩子第一次获得钱的经历，有时候决定了他对钱的认知和价值观。

### 二、教孩子学会规划钱

第一，孩子的金钱观往往都是从父母那里学来的，所以在教育孩子之前，我们先要看看自己的金钱观是什么。

第二，观察孩子喜欢买什么，看他怎么利用钱。给孩子一定的花钱自由度，看他对钱的态度。我家大宝喜欢存钱，而小宝就会把钱花到买游戏皮肤上，还经常借给同学。记得有一次小宝借出去的钱要不回来，他找我帮忙。这不就是最好的“机会教育”时刻吗？我一边帮他要回钱，一边教他怎么处理借钱这种事。

我很喜欢“机会教育”这个概念。生活里遇到什么问题，就抓住机会教孩子怎么解决。如果你把一切都给孩子安排妥当，在发生意外时，很多时候孩子会束手无策。所以不要担心孩子犯错，要让他们在实践中得到锻炼和成长。

第三，成长过程中的商业教育，每天我都和小宝玩一个“商业小游戏”。比如，有天晚上我想去健身，就出 5 元买他 10 分钟的私教课。小宝讨价还价到 10 元后，还想涨价到 15 元。我果断拒绝，并趁机告诉他：“在商业谈判中，你要学会见好就收。”

## 三、带着他做消费试验

例如，在手机上“逛超市”时，带孩子们玩“三选一挑战”游戏：是选择满足即时欲望的糖果，还是选择满足实用需求的笔记本或者投资未来的书籍，并且运用“24 小时法则”：把想要的东西放入购物车，24 小时后再决定买不买。

其实，教孩子理财，重点不是教孩子怎么管钱，而是帮助他们建立与金钱的健康关系——既能驾驭它，又不被它驾驭。就像我们常说的：会花钱的孩子才会赚钱，而懂理财的孩子才能掌控自己的人生。

# 45 如何帮助孩子找到和培养兴趣爱好?

让孩子找到真正喜欢的事情，关键是要让他们感受到被看见、被理解、被爱着。作为父母，我们需要细心观察、耐心引导、适当测试，帮助孩子找到和培养兴趣爱好。

在这方面，教育专家和测评工具会起到辅助作用，但在兴趣培养的过程中，由于受到像手机等即时快消品的干扰，孩子经常出现想放弃的念头。那么，如何让他们有更高的专注力，持续投入自己喜欢的事物呢?

要让孩子拥有自己的兴趣爱好，最重要的是让他们感到成就感。另外，父母的陪伴也很重要，不能完全放手。现在的孩子与我们小时候不一样，手机游戏、短视频等诱惑太多，如果父母不进行把控，孩子根本无法抵抗这些诱惑。说实话，大人都控制不住自己，怎么能要求孩子有超强的自制力呢? 当孩子无法坚持时，有些父母会用指责的方式进行教育：当初你答应要坚持下来的，怎么就放弃了? 而智慧型的父母一定会问孩子：你发生了什么事情? 为什么想放弃? 通过交流，观察孩子产生的新变化。

我家小宝就是一个活生生的例子。开始他很喜欢打篮球，但有段时间突然不喜欢了。我问他："为什么不想打篮球了，发生了什么事?"原来在训练过程中，老师一直没让他上场，他感到很失落。在打球这件事上，他没有拥有好的感觉。了解到原因后，我会给予他适当的陪伴。

第一，让孩子感受到被看见。他每次打篮球时，我都在场外看，给他支持，并且给他买很多运动饮料。开始他不知道选择哪种，我就都买回来，让他测试一遍，找到最喜欢的一种。我会让他知道，自己一直被关心、被爱着，也让他感受到妈妈对他很大方。

第二，认真听他分享训练的细节。有一次，他打篮球时指甲盖翻起来了，流了不少血，但他并没有请假，坚持完成了训练。回家后，我仔细问他当时的情况：“疼不疼啊！怎么处理的？”他特别感动，能感受到妈妈是真心关心他。

第三，创造被认可的环境。我不仅自己经常夸他打球进步了，还让身边的朋友一起夸，给他足够的正反馈。经常有朋友来我家，他们见到孩子们的第一面，都是花式夸他们的特长，这会让孩子的“被看见感”加强，在这件事情上做得更好。

第四，适当放松，但不放纵。理解孩子训练的不容易，给他时间放松，不然孩子自己会选择放纵的方式去放松。

孩子的天赋不是“被找到”的，而是在我们支持的环境中自然生长的。就像园丁培育花草，我们只需提供适宜的阳光、水分和养分，剩下的生长节奏交给孩子。记住，每个孩子都是带着使命而来的星辰，我们的任务是帮助他们找到属于自己的银河轨道。

# 46 父母应该花多少时间陪伴孩子？

其实，父母每天只要 20 分钟的全心投入陪伴就够了，放下手机，抛除杂念，做到真正的高质量陪伴。我们家一直保留一种“早餐文化”，我会特意早起做早餐，然后放下手机，专心地陪孩子边吃边聊。

孩子们特别喜欢这个时刻——吃着妈妈亲手做的早餐，分享一天的心情和计划，就是这么简单的一件事，会让孩子感受到百分之百的爱。

现在女儿马上成年了，她平时住校，每周五回来。她每次回来，我都会抽时间陪她谈心或者散步。其实，爱孩子不是要一直陪在他身边，也不需要花太多时间，因为孩子也要有自己的空间。

这种全心投入的陪伴，孩子是能真切感受到的。就像我常说的：陪伴不在于时间长短，而在于你是否真的“在”。

## 47 如何培养孩子的责任感和自律性？

针对这个问题，我有一个特别管用的方法：遇到问题时多问孩子“怎么办？”

如果孩子犯错了，你总是指责和谩骂，他就会退缩，甚至隐藏错误，他知道跟父母说只会受到严厉的批评。

所以，当孩子犯错的时候，我往往不是责备而是给予教导。我经常问孩子：“你觉得现在该怎么办？”不要直接告诉孩子答案，要引导孩子在面对问题时去思考并寻找解决的办法，也要让他在犯错中学会担当。父母是孩子最好的老师，也是孩子的一面镜子。孩子是否自律，是否有良好的习惯，在很大程度上取决于家长的习惯。

这个方法特别神奇，能有效地提升孩子的责任感和自律性。

（1）把犯错变成学习机会：有一次，孩子打翻牛奶并撒到钢琴上。我没有急着收拾，蹲下来轻声问：“我们得想想办法，救回钢琴？”孩子马上兴奋地跑去拿抹布，这就是把犯错变成学习机会的一次实践。

（2）用提问代替说教：在孩子弄丢钥匙时，先别指责，试着问："你觉得谁能帮我们找到它？"结果，他自己翻箱倒柜，还画了一张"寻宝图"。其实，每一次犯错都是锻炼孩子思考力的好机会，他们会在解决问题中悄悄长大。

（3）用"榜样"助力自律：我们家大宝和小宝从不睡懒觉，因为我没有睡懒觉的习惯，即使睡得晚，我也会在他们上学前起来，陪他们吃早餐。在这个过程中，我无形中就给孩子树立了榜样，帮助他们建立了良好的行为习惯。

其实，培养责任感可以很有趣。早餐时聊聊昨天发生的趣事，散步时一起观察路边的蚂蚁搬家。当我们用好奇的眼光看世界时，孩子自然就会明白——承担责任不是负担，而是成长的标志；自律不是束缚，而是通往自由的必经之路。

## 48 如何处理孩子对电子产品过度依赖的问题？

现在，学校都用电子设备教学，孩子们接触的电子产品越来越多，儿童的近视率也越来越高。很多孩子沉迷手机游戏，丧失了对现实生活的兴趣。我觉得，科技的发展是好事，要鼓励孩子去探索，学习新技术，但不能过度依赖电子产品。

我是通过给孩子建立如下“断瘾机制”来帮助他们养成健康使用电子产品的习惯的。

第一，制定合理的使用规则。我会先观察孩子，确定没有上瘾的迹象，然后和孩子商量每天使用手机或玩游戏的时间，让他自己参与制定规则。我不独断、不控制，也不单方面决策，这样能防止孩子沉迷游戏。

第二，寻找沉迷的真正原因：很多孩子沉迷游戏，其实是因为父母缺少对他们真正的关心，以至于他们在游戏中寻求慰藉。我经常和孩子聊天，想办法转移他的注意力，多了解他的烦恼，引导他讲出心中的苦闷，而不是让他在游戏中得到宣泄，关键还是父母要发自内心地关注孩子的内心需求。

第三，创造有趣的体验。例如，我让孩子帮忙处理修理电子产品的事情，这个过程除了可以让他创造新的体验，还可以在他和修理员通话的过程中创造新的契机，比如了解电子产品的工作原理等。另外，也可以通过在其他事情上培养兴趣，降低孩子对手机、游戏的依赖。

最重要的是父母要以身作则。比如，孩子在家时，尽量少刷手机，多陪伴孩子阅读、做手工。周末经常带他们去体验新事物，如做陶艺、观星等。

记得有一次，我带孩子去科技馆，他指着互动展区的机械臂说：“妈妈，这才是真正的魔法！”看着他眼中闪烁的光芒，我突然明白：当我们把电子产品从“娱乐工具”变成“探索世界的钥匙”时，孩子就能在虚实之间找到平衡。

## 49 如何看待父母打骂孩子？

亲爱的父母，请先做一个简单的想象实验：如果此刻有人对你大吼大叫，甚至动手打你，你会有怎样的感受？是愤怒、屈辱，还是自我怀疑？现在请记住——当我们情绪失控打骂孩子时，他们正在经历同样的痛苦，甚至这份痛苦会被放大十倍，因为施加伤害的是他们最信任、最信赖的人。

老一辈的人常说"打是亲，骂是爱"，但我们要明白，那个年代的孩子有着不同的成长环境：放学后可以通过在田野中疯跑 3 小时释放压力；犯错后有兄弟姐妹分担情绪；没有社交媒体放大焦虑。

而今天的孩子呢？他们被困在补习班和电子屏幕之间，作为独生子女又缺少情感缓冲带，学习上持续带来超负荷的压力。

更重要的是，父母情绪失控对孩子造成的伤害，远超我们的想象。

（1）经常遭受责骂的孩子，他的前额叶皮层发育会受到影响，这将直接影响记忆力和学习能力。

（2）孩子情绪失衡会引发一系列的连锁反应：遇到问

题就进入“战或逃”的生存模式，无法吸收任何教育内容；安全感缺失导致亲子信任感被破坏，孩子开始学会隐瞒和说谎；无意识地复制父母的情绪处理方式。

（3）长期后果更为严重，可能会让孩子产生根深蒂固的自我否定，觉得“我不值得被爱”“我不值得被好好对待”，这种心理模式会让孩子在成年后更容易陷入不健康的人际关系。

作为父母，我们需要学会把孩子的心灵看得比自己的愤怒更重要。当情绪即将爆发时，及时给自己的情绪按下“暂停键”，在心里默念：“此刻的失控，可能会成为孩子明天的自卑。”

这里分享一个我自创的"6—6—6冷静法"：深呼吸6次—喝6口水—等6分钟。经过这个简单的过程，我的愤怒情绪通常能得到缓解，这时再用冷静的方式与孩子沟通。试着把“你怎么又……”换成“妈妈看到你……”，把“再犯错就打你”换成“需要妈妈怎么帮你”。

教养的真相往往是这样：孩子可能不会记得你教过的每一个道理，但会永远记得你带给他/她的感受。

请记住：当我们学会管理自己的情绪时，孩子才能从我们这里学会这项最珍贵的人生技能。这才是真正的家族传承。

## 50 当孩子遭遇欺凌或不公正对待时，父母应该如何给予支持和保护？

你的格局有多大，孩子的未来就有多精彩。

记得我儿子二年级时回来跟我说：“妈妈，我不要去午托班了！”当时，我的第一反应是：“孩子一定遇到什么事情了。”经过沟通才知道，他原来是被另一个孩子欺负了。

第二天，我陪儿子去了午托班。午托班的老师非常紧张，以为我是来闹事的，但是我只是安静地陪着儿子吃完午饭，然后把那个欺负我儿子的孩子叫到外面。我清晰地记得，儿子看到那个孩子时，马上躲到桌子底下。

当着老师的面，我问了那个孩子几个问题。事实上，那个孩子也很紧张。我说：“你比志文大，之前你骂他，让他很害怕，说明你是一个很有力量的哥哥，以后能不能用你的力量保护志文？”他回答道：“可以的，阿姨，我已经给他道歉了，以后我一定保护他。”最后，两个孩子握手言和。

事实上，我的想法很简单：让孩子学会直面问题而不是选择逃避，并且不想让这件事给他留下心理阴影。我想告诉孩子们：你们不是孤立无援的，我们不惹事，但我们不怕事，爸爸妈妈永远是你们的后盾。

当孩子学会宽恕欺负他的人时，他自己的伤痛才会被疗愈。

后来，我和先生讨论：孩子小时候，我们还可以这样保护他，孩子长大后，我们怎样更好地给予孩子支持和保护呢？

我的答案是，分阶段处理，不同时期用不同的方式，但最重要的是让孩子知道：自己有足够的能力去面对问题，而且从来都不是一个人。

# 第四篇 原生家庭关系

20岁以后，原生家庭这个“锅”不要背

超越原生家庭不是否定过去，而是在创伤的土壤上培育新的文明

扫描二维码，关注公众号并发送“原生家庭”，获取相关资源

## 51 如何理解“原生家庭”这四个字？

原生家庭可以塑造一个人的信念系统，它是心理学和社会学中常用的一个概念，指的是一个人从出生到成年（独立生活前）所处的第一个家庭环境，主要由父母、兄弟姐妹或其他主要抚养人组成。它是我们社会化的起点，深刻影响个体的性格、行为模式、情感认知和人际关系。

### 一、原生家庭的核心定义

时间范围：从出生到成年（独立生活前）。

主要成员：父母、兄弟姐妹或实际承担抚养责任的亲属（如祖父母）。

核心功能：提供情感支持、经济保障、价值观传递，塑造个体的基本认知和行为模式。

### 二、原生家庭的影响

性格养成与情感模式的建立，如安全感与信任感的建立：父母能否及时回应孩子的情感需求会影响他是否容易信任他人。

情绪表达：家庭是否允许孩子自由表达情绪，决定一个人成年后是压抑情感，还是善于沟通。

自我价值感：父母是肯定还是贬低直接关系到孩子自尊水平的高低。

## 三、行为习惯与价值观的传递

沟通方式：原生家庭中的冲突解决模式（如冷战、争吵、理性沟通）会被孩子无意识地模仿。

金钱观与消费观：父母对金钱的态度（节俭 / 挥霍、焦虑 / 松弛）直接影响孩子的消费观。

婚恋观念：父母的婚姻模式（亲密 / 疏离、平等 / 控制）常成为子女婚恋关系的模板。

## 四、潜在的心理烙印

例如，父母未解决的心理问题（如焦虑、暴力倾向）可能会通过互动传递给孩子。在家庭中，孩子被迫承担的角色（如“懂事的孩子”“替罪羊”）可能会延续到社会关系中。

## 五、原生家庭的“两面性”

积极影响：充满爱、尊重和稳定感的家庭，有利于培养孩子自信、情绪稳定、善于合作的人格。

消极影响：功能失调（如忽视、暴力、过度控制）的家庭可能导致孩子的自卑、亲密关系障碍、焦虑抑郁等问题。

## 52 如何理解原生家庭的意义？

我们每个人都带着原生家庭的印记生活，而绝大多数人最终也会成为下一代的原生家庭。

面对这个现实，我们能做的是接纳与超越：承认原生家庭带给我们的局限性，同时通过心理咨询、持续学习、建立健康关系等方式修复创伤。许多人在成为父母后，会有意识地打破原生家庭的负面循环，避免将伤痛传递给下一代。原生家庭的影响虽然深远，但并非不可改变——成年后，通过自我觉察和主动调整，我们完全可以重塑自己的人生。

原生家庭是每个人生命的“底色”，但它不该成为命运的枷锁。理解原生家庭的意义在于。

（1）自我觉察：看清过去如何塑造现在的你。

（2）主动选择：在接纳的基础上，打破负面循环，创造新的可能性。

（3）重建关系：与原生家庭和解（不一定是原谅，而是学会放下），同时在新的关系中疗愈自己。

原生家庭会构建我们的信念系统，它基于你看到某件事情发生、某种经历，影响你的看法与价值观。比如，从小目睹父亲家暴，你可能就会认为婚姻是可怕的，女性是软弱无力的。当机会来临时，这种信念会让你畏缩不前，认为自己“做不到”。

除了智商，原生家庭对我们的影响无处不在。例如，有人觉得做事很轻松，因为他从小就看到父亲谈生意时游刃有余。有人认为必须吃苦才能成功，这往往源于父母艰辛的生活经历。

为什么“原生家庭”近年来越来越受到关注？

其实，这是社会进步的一种体现。越来越多的人开始反思，也更看重自己的感受和成长。

为什么面对同样的处境，人们的选择如此不同？为什么有人敢于抓住机会，有人却总是退缩？这些差异与一个人受到的教育、接触的环境和人际关系密不可分。随着社会的发展：传统教条不再被视为真理；“父权至上”的观念正在消解；女性意识觉醒，努力追求平等和自身价值；女性逐步认识到，牺牲自己不一定能换来幸福。现代女性更渴望体现自身价值，而不是去依附别人。

原生家庭的意义，是让我们看清过去，然后更好地走向未来。

## 53 为什么那么多人抱怨自己的原生家庭？

抱怨是最廉价的发泄方式。它就像一种本能反应，只要你一抱怨，就觉得会有人来关心，仿佛抱怨能带来些什么。

（1）抱怨就像感冒一样会传染。很多父母自己没处理好心里的委屈和愤怒，这些情绪不知不觉就会传给孩子。比如，你小时候总看到父母为钱吵架，长大后即使不缺钱，可能对钱也特别敏感。

（2）只要你觉得自己有原生家庭的问题，就能找到对象来责怪。这样就不用为自己的人生负责，可以心安理得地说：“不是我的问题，都是父母的错。”这确实是一个很好的借口。

（3）时代在飞速发展，但教育方式却没跟上。特别是很多人也是第一次当父母，难免会手忙脚乱，不知所措。

（4）手机把所有人的痛苦都放大了。看到几个短视频就以为看到了全部，其实很多人并没有足够的智慧去解决问题。你一直用老方法，只是因为还没有找到新方法。

我想特别说一句：“过了 20 岁，你就别再把‘锅’甩给原生家庭了。”在你有了独立的价值观、行为能力和对世界的认知后，就该明白：爸妈不是完美的，他们的思想具有一定的时代局限性。

举个真实的例子：我有个朋友，她从小就被妈妈判定“什么都做不好”。后来，她学了心理学才明白，妈妈当年只是因为自己没考上大学才把焦虑发泄在她身上。现在她会笑着对妈妈说：“您当年要是懂心理咨询，说不定比我还厉害呢！”

其实，抱怨原生家庭的人，本质上都是在说同一句话：“我要活出自己的人生，而不是你的翻版！”这说明你开始觉醒了，说明你已经有勇气去改写自己的人生剧本了。

## 54 好的原生家庭会对孩子产生怎样的影响？

好的原生家庭取决于，父母的状态和对孩子的态度。一个在爱中成长的孩子，往往比其他孩子更懂得爱自己，也更懂得爱这个世界。

（1）不要对孩子进行过多的干涉。我们可以引导孩子，但不要过多控制和干涉他们，孩子需要自己摸索着认识这个世界，去探索自己的人生。比如，我两岁的小侄女对器皿很好奇，总喜欢不断地用手去触摸，感知什么是圆的、什么是方的。很多家长害怕孩子受伤，不让他们触摸任何器皿，这反而剥夺了孩子在这个过程中学习的机会。

（2）及时给孩子正向反馈，让孩子感受到做事的成就感。以前我们常说，不能总是表扬孩子，怕他们骄傲。其实恰恰相反，适当的表扬能帮孩子建立自信心，让他们觉得自己很厉害。这样在以后遇到困难时，他们才不会畏难。

（3）父母之间的亲密关系足够好，能互相了解对方，相濡以沫。孩子会从有爱的父母那里学会如何待人处事，如何看待爱情。父母的关系往往会成为孩子处理人际关系的模板，但反过来，当父母产生冲突的时候，孩子常会不自觉地想：我能做些什么让父母不吵架？结果，很多懂事的孩子都过早地承担了调节父母矛盾的责任。

让孩子做孩子，让父母做父母，我觉得这是一个好家庭的真实写照。就像教育专家说的："让花成花，让树成树。"

# 55 为什么多子女家庭容易出现竞争关系？

竞争是人类的天性，因为我们都渴望得到关注和认可。在多子女家庭中，由于孩子们都希望得到父母更多的关注和爱，竞争自然就产生了。从生物进化的角度看，这种竞争源于“资源有限”。远古时期，兄弟姐妹要争夺母亲的哺乳时间和族群地位，这种基因延续至今演变为现代社会中对关注、认可与资源的争夺。看似破坏和谐的竞争，实则是确保基因多样性的生存智慧，适度的竞争能筛选出更适应环境的个体。

（1）竞争是因为“我很重要”。小时候，我和弟弟都觉得父母更关注对方，其实在父母心里“手心手背都是肉”。

（2）真正的智慧不在于消除竞争，而在于明白竞争源自匮乏。在多子女家庭中，孩子们总觉得家里的爱不够分，所以要争抢。

（3）独生子女也有他们的“战场”。他们要与父母争夺关注，还要面对社会标准化“完美人设”的压力，甚至还会把这种假想竞争带入职场和亲密关系中。

家庭中的竞争关系，本质上是一场关于“存在价值”的灵魂叩问。当父母不再充当裁判，转而成为多陪伴、多关注、多鼓励的角色时，孩子们终将明白：真正的胜利不是赢过兄弟姐妹，而是与家人共同编织出独特的情感光谱。就像夜空中的星辰，看似是在彼此争辉，实则是在共同照亮人类的精神苍穹。

化解竞争的方法是支持对方，是给予。只有当你觉得自己拥有的足够多时，才愿意给予别人，因为你相信给予不会让自己变得更少，反而它是化解匮乏最好的方法。

## 56 如何看待父母之间的关系？

父母之间的关系是孩子接触的第一段亲密关系，它在潜移默化中影响孩子未来的情感认知。我们要学会带着旁观者的智慧看待父母的相处之道，因为他们首先是独立的个体，只是在长期磨合中形成了属于他们的独特的互动模式。

父母往往是彼此性格的互补体，这样他们在关系中才能维持平衡。就像我的父亲性格强势，母亲包容忍让。我年轻时常为母亲打抱不平，为什么要一直包容父亲。而现在我明白，这种看起来很隐忍、不对等的关系，实则是妈妈想更好地维护这段感情。如果两个人都很强势，那么很大机会就分开了。现在我会尊重这种关系的存在，因为这是他们的相处方式，别人不要做过多的干涉。

在这个过程中，我学会了遵循以下三点重要原则。

（1）不做家庭关系的“救火”队员，要划清“观察者”和“参与者”的界限。比如，听到母亲抱怨父亲时，我试着学会适当抽离——这是他们需要解决的问题，不是我该介入的“战场”。我们要记住：他们需要的是婚姻咨询师，而不是你这个“调解员”。

（2）停止做“情绪垃圾桶”。我有个亲戚，她每天都向女儿抱怨自己的老公没用，女儿长大后就产生了恐婚心理。这不是教育问题，而是她把自己代入父母的婚姻关系中，成为妈妈的“情感垃圾桶”。我们要清醒地认识到：父母的情绪是他们的课题，不该由我们来承担。

（3）给自己穿上“情感防弹衣”。当家庭冲突发生时，在心理上划清界限：“左边是父母的世界，右边是我的人生，我有权选择不受负面影响。”

原生家庭带给我们的影响就像手机的出厂设置，但每个人都有升级系统的权利，随时将系统更新为最新版本。这不是否定过去，而是给自己更多选择的空间。最终，活出自己想要的人生，这才是你对原生家庭最好的回应。

## 57 在怎样的原生家庭中长大的孩子内心更富足？

在被允许、被尊重、平等且有爱的家庭中长大的孩子，其内心更富足。养育孩子其实和养育花草一样——关键不在于你有多着急让它开花，而在于你是否了解它的生长规律，是否用健康的方式耐心陪伴它成长。

### 一、允许，而不是过多干预与控制

真正的允许是带着尊重、平等和爱，让孩子按照自己的节奏成长。比如，在孩子学习吃饭的时候，如果因为没耐心等待而直接喂饭，就剥夺了他探索和练习的机会。

3～6岁，孩子开始探索世界，需要的是鼓励和肯定，不是批评和打压，否则会扼杀他们的好奇心和主动性，这个时期父母正确的引导对孩子的一生帮助很大。

6～12岁，孩子开始建立自己的社交圈，面对更多挑战，这时需要的是父母的陪伴、倾听、沟通和引导，而不是父母代替他们解决问题。

12～18岁，荷尔蒙开始爆发，青春期到来，这时孩子会有更多的内在诉求。他们需要的是父母的鼓励、经济支持等，以及适当的性教育，帮助他们正确了解身体和情感的变化。

对孩子来说，被允许是生命中最珍贵的礼物。

## 二、边界感的建立

孩子的成长需要稳定的心理环境，如果父母经常争吵、恐吓或过度干涉，孩子就会因分心而无法专注，甚至用叛逆、逃学等方式引起父母的重视。

边界感会影响我们的一生，无论是婆媳关系、亲子关系，还是职场关系，健康的相处模式都有清晰的边界。当父母给予孩子足够的尊重和空间时，他们才能在探索中学会：物理边界（比如隐私、个人空间）、情感边界（比如不随意承担父母的情绪）、人际边界（比如懂得拒绝、不讨好），这些边界就像孩子心灵成长的“护城河”，能保护他们的能量不被消耗。

## 三、无条件的爱

孩子小时候，哪怕你刚凶完他，他还是会跑过来抱着你说：“妈妈，我爱你。”这份无条件的信任和爱，是孩子最纯粹的情感。如果家庭能给予孩子足够的爱，他们自然会充满安全感和幸福感。

比如，在每周的家庭会议中，让每个孩子自由表达想法，认真对待他们的创意和付出。你会发现，越是被尊重、被真诚爱着的孩子，就越感到自信、富足。

真正的富足，是心灵的富足。当一个孩子的心中种满玫瑰时，他的世界自然会芬芳满园。

## 58 有没有超越原生家庭的“钥匙”？

超越原生家庭的关键在于，你要明白：我们也会成为自己孩子的原生家庭。

如果你还没有孩子，那么重点就是过好自己的人生。另外要意识到，我们来到这个世界是来贡献的，首先就是要贡献给我们的父母，不管他们曾经对我们如何，都可以做到对他们付出我们的爱。

### 一、意识觉醒：真正想挣脱原生家庭的束缚

“心若不苦，智慧不开。”当你明白施比受有福时，就可以开始行动啦！

当你不再把自己放在原生家庭受害者的位置，从受害者转变为创造者，也不成为加害者时，恭喜你，你已经开始改写自己的命运剧本了。

我们是贡献者。我缺什么，就代表我要付出什么。比如，我很需要得到父母的认可，但他们从未给过我，甚至重男轻女。这时我反而会认可他们，找出他们做得好的部分，并给予肯定。

比如，我会对我妈说："妈，你是我见过最包容的女人，连我的很多缺点都能包容。"对于过去的很多误解，我会直接询问求证，努力打破原来的一些看法。

对婆婆也是如此，当她插手我家的家务时，我就问她："妈，你是想帮我做吗？"了解她的本意后，我会先表达感谢，再跟她说："妈，你知道吗？这是我自己的东西，如果你弄了，我反而觉得自己一无是处，更加不积极做事了，甘愿当一个好吃懒做的人。你也不愿意看到我成为那样的人吧？"

我们要学会主动打破原生家庭带来的限制。当我主动夸奖妈妈的时候，我放过了妈妈，也放过了自己。

## 二、时刻感恩：用感恩的心看待父母

我们要站在更高维度思考：为什么我会选择这样的父母？当你学会从感恩的角度看待这个问题时，恭喜你，你的行为模式真的改变了。

你要问自己：我能为这个家庭做些什么？

从索取变成给予，起心动念就是付出，你可以试着比较"给"和"要"时的能量状态，它们是完全不一样的。

## 三、接受：接受自己的基因

回溯父母的需求。比如，我妈妈从小就认为女孩没用，只有男孩才能光宗耀祖。了解祖辈的故事，以及在特定时代背景下形成的家庭观念，这会让你在这个过程中找到力量。

超越原生家庭不是否定过去，而是在创伤的土壤上培育新的文明。就像敦煌莫高窟的工匠在残破壁画上绘制新图腾，真正的觉醒者懂得将生命苦难转换为智慧养料。当你学会以“创作者”而非“受害者”的身份面对原生家庭时，就掌握了打开新世界的钥匙。

## 59 如何避免将原生家庭的模式带入自己的家庭？

你要问自己：原生家庭中的哪些模式是我非常不喜欢的？为什么我想拒绝这种模式？

你不要想彻底删除原生家庭的“程序”，要给自己安装“自定义用户手册”：这个家我做主，有些设定可以保留，有些必须改变！具体方法如下：

（1）反思自己复制了原生家庭的哪些模式，它们给你带来了哪些影响？

（2）确定需要改变的部分，如沟通方式、人际关系、金钱观等。

（3）建立记录习惯。比如，每次想对孩子说“别人家的孩子都会……”的时候，马上换成“宝贝，妈妈小时候也总被这么比较，我们现在试试新的玩法好吗？”然后把践行的小法则及更新状态做好记录。时间久了，它们就会真正升级为你的行为模式。

（4）选择对的伴侣，共同建立新的家庭模式。

（5）学习心理学知识，必要时寻求专业的帮助。

记住：我们不是在复刻父母的人生，而是在用他们给的底牌，活出自己的精彩！

## 60 如何面对“死亡”这个话题？

这个问题确实戳中了很多人的痛点，尤其是我们这代人，我们已经习惯了“忌讳死亡”的文化氛围。结合我的经历和观察，下面给你一些接地气的建议。

（1）先处理“不敢面对”这件事：把死亡当作“人生系统更新”。

就像手机偶尔会弹出系统更新的提示一样，死亡其实就是生命的强制更新。我参加了几次葬礼后发现：那些哭得最伤心的往往是年轻人，而经历过亲人离世的中老年人的眼神里反而带着一种释然。观察不同年龄层的人对死亡的态度，你会慢慢找到自己的节奏。

（2）给予逝者真诚的祝福。身体会衰老，但灵魂会升华。如果我们对逝者有太多的执念和放不下，反而会成为他们的“牵挂”。让逝者安详离去的最好方式，就是发自内心的祝福。

（3）活出逝者的美好品质。一个人离开了，并非真正的消逝。我一直相信，逝者的灵魂会以另一种形式存在——通过我们活出他们的品质。想想逝者身上最珍贵的品质，如智慧、诚信、包容、善良等，当这些品质在你身上延续时，他们就从未真正离去。

（4）学会珍惜当下。在面对死亡时，很多人最痛快的不是失去本身，而是那些“本可以”的遗憾：本可以多陪伴、本可以实现承诺……

我有个朋友，她把奶奶临终前想吃却没吃到的槐花饼做成手机屏保，时刻提醒自己：“活着的意义是创造新的回忆，不是弥补过去的遗憾。”

现在我和朋友相处的时候，很少说“下一次”，因为人生没有那么多“下一次”。重要的是把握当下，用最好的状态完成现在能做的事。

最后请记住：对死亡的恐惧，本质上是对未知的恐惧，就像小时候我们会怕黑，打开灯就好了。试着每天花3分钟和自己的“生命终章”对话，慢慢地你会发现——越是害怕死亡的人，往往活得越不够精彩。与其纠结终点，不如把每一天活成限量版！

# 61 如何真正成为兴家旺族的“大女主”？

在这个快速发展的时代，真正的家族传承正在成为一种稀缺的珍贵品质。作为现代女性，我们如何在传统与现代之间找到平衡，成为那个既能兴家又能旺族的灵魂人物？

## 一、选择即担当：勇敢接过传承的接力棒

“如果一定要有一个人站出来，为什么不能是我？”这句话道出了“大女主”的第一要义——主动担当。在深圳这座现代化都市生活的我，作为家族长孙女，既沐浴着改革开放的春风，又承载着岭南文化的厚重。这种双重身份不是负担，而是上天给予我的馈赠。真正的传承不是被动接受，而是清醒地选择接过那根接力棒，并决心跑好自己这一程。

## 二、使命即力量：发现你的家族传承“密码”

每个家族都有独特的文化基因，可能是诚信经商的传统，也可能是诗书传家的风骨，还可能是和睦相处的智慧。认领使命的第一步，就是找到家族中最珍贵的那个“密码”。对我来说，这个密码就藏在跟家人过的每一个传统节日的聚会里。当你开始践行这些传统文化时，会惊讶地发现：不是你在传承文化，而是文化在滋养你。

## 三、空间即智慧：为自己保留精神领地

现代女性常被各种角色撕扯，而“大女主”的智慧在于懂得为自己保留一方净土。我的书房和丈夫的茶室，就是我们家的“能量补给站”。在这里，我们不仅思考事业与家庭，还思考如何将现代管理智慧注入传统家规。

记住：只有当你有空间做自己时，才能更好地扮演其他角色。

## 四、平衡即艺术：让爱成为家族凝聚力

维系一个家族不是靠权威，而是靠爱的艺术。我喜欢为家人精心准备礼物，不是因为物质本身的价值，而是想传递一个信息：“我记得你，在乎你。”这种用心营造的温暖，比任何家规都更有凝聚力。当每个成员都感受到被爱、被接纳时，家族自然就会兴旺。

## 五、真实即力量：先成为自己，再成为其他

你成为所有角色的前提是，成为真实的自己。我经历过从“应该怎么做”到“我想怎么做”的转变，这个过程让我明白：真正的传承不是复制祖辈，而是活出自己的精彩，同时保持传统文化的精髓。当你足够尊重自己时，你的光芒自然会照亮整个家族。

亲爱的，兴家旺族不是要你牺牲自我，恰恰相反；只有先成为完整的自己，才能照亮整个家族。只有当你活出生命

的光彩时，这份光芒才会滋养每一个家人。

【思考区】

写下你的家族中最值得传承的三种品质：

1. ________________________________。

2. ________________________________。

3. ________________________________。

记住：家族传承不是复制过去，而是创造未来。而你，就是那个关键的创造者。

# 62 如何设定我的家道、家业、家风？

学习心理学以后，我更加注重家风建设和文化传承。比如，在爷爷 70 大寿时，我特意为他录制了生日纪录片，记录他年轻时教育子女的做法。在和公婆相处时，我也经常问他们小时候的故事，了解家族的历史，通过这些方式加深与亲人的情感连接。

这个过程让我深刻体会到，家道、家业、家风对一个家族的影响。2025 年 3 月，我带着“曾好私塾”的学员去曾国藩故居游学，目的是让大家体验寻根之旅，也让我切身感受到祖辈给整个家族带来的力量。

曾国藩（1811—1872 年）作为晚清名臣和理学大家，其家训以家书的形式流传至今，强调修身、治家、处世之道，对后世影响深远。曾氏家族在中国历史上以重视家风、家训著称，尤其以曾国藩家族和儒家先贤曾子的后裔为代表。其中，对我影响深远的主要有以下几点。

## 一、处世智慧：曾国藩的“六戒”

### 1. 久利之事勿为，众争之地勿往

意思：一直都能获利的事不要做，所有人都想去的地方不要前去。

**2. 利可共而不可独**

意思：利益可以共享，但不能独自占有。

**3. 勿以小恶弃人大美，勿以小怨忘人大恩**

意思：不要因为别人小的缺点就忽视他的优点，不要因为小小的恩怨就忽略别人的大恩。

**4. 说人之短乃护己之短，夸己之长乃忌人之长**

意思：经常说别人短处、夸耀自己长处的人，其内心其实是借此掩饰自己的缺点或嫉妒别人的长处。

**5. 庸人败于惰，才人败于傲**

意思：自古以来，众多平庸之辈之所以未能取得成功，多半是懒惰所误；对于那些才华出众的人，失败往往源于骄傲自满。

**6. 办大事以识为主，成大事人谋天意各半**

意思：办大事主要看格局和见识，才能只作为辅助；成大事一半在于人的谋划，另一半就要看天意了。

## 二、治家之道：八字诀

书（读书）、蔬（种菜）、鱼（养鱼）、猪（养猪）、早（早起）、扫（打扫）、考（祭祀）、宝（睦邻）。强调勤俭传家："家勤则兴，人勤则俭；能勤能俭，永不贫贱。"
力戒奢侈："无论大家小家、士农工商，勤苦俭约未有不兴，骄奢倦怠未有不败。"

## 三、日课十二项

曾国潘制定了"日课十二项"，每天严格执行，包括主静、静坐、早起、读书不二、读史、谨言、养气、保身、日知其所亡、月无忘所能、作字、夜不出门。这种持之以恒的精神让我深受启发，我家现在践行的早起文化、打扫文化、读书文化都借鉴了这些传统智慧。

曾氏祖先的榜样给了我莫大的力量和信心，促使我在自己的小家中努力传承和践行家族文化。受古人智慧的启发，我一直在践行以下家族文化。

（1）祭祖：重视家族传承。

（2）寻根：通过查阅族谱来寻找家族杰出人物。

（3）基因：认同自己的血脉基因，相信每个人都肩负着自己的使命。

在这些实践中，我会结合自己家庭的实际情况，创建独具特色的小家文化。

## 63 如何建立有松弛感的家庭关系？

每个人都渴望在家庭中找到安全感和归属感，能够真实地做自己。这种被无条件接纳的温暖会成为我们面对世界的底气和力量。

具有松弛感的家庭关系的核心是，家人之间彼此尊重、理解和支持。在遇到问题时，家人共同面对和解决，而不是互相指责、对抗。

要建立有松弛感的家庭氛围，你可以从以下三个方面着手。

### 一、转变思维方式

稻盛和夫在《思维方式》一书中写道：“幸福的人生源于积极的思维方式。”

生活中，很多时候让我们感到痛苦的并不是事情本身，而是我们看待问题的角度和随之产生的情绪困境。其实，处理事情本身并不会消耗太多能量，而如果陷入情绪的旋涡中，才会令人身心俱疲。

比如，全家出游时，到了车站才发现车票买错了。这时候，从解决问题的角度出发，应该改签或退票，重新做计划。

可是很多人接受不了计划被打乱带来的失控感，会陷入自我否定中，不断地指责自己，既生气又懊恼，好好的心情就被破坏了。

作为旁观者，我发现，当事情已经发生时，再多的情绪也是没有意义的，只会让当事人产生痛苦的记忆，甚至破坏彼此之间的关系。

因此，在遇到事情时，我们可以转变自己的思维方式：改变能改变的，接受不能改变的，要把精力放在解决问题上，不要将时间和精力浪费在自我攻击和指责他人上。这样整个人都会轻松、快乐很多，身边的人也会受到感染。特别是在教育孩子时，家长不要过于严厉、苛责。

在孩子的成长中，犯错和出现失误再正常不过了。作为家长，我们要多一点儿耐心和包容，给孩子一定的时间和空间，这对他们的成长帮助很大。

## 二、学会平和沟通

生活中，我们常常把最坏的脾气留给最亲的人，说话时不考虑对方的感受，甚至冷嘲热讽、咄咄逼人。刻薄的语言、失控的情绪，都会在家人心中留下伤痕。时间久了，他们会越来越心寒。人心散了，这个家庭又怎么能幸福得起来呢？

俗话说得好：“家和万事兴。”所谓的“家和”，指的就是家庭中的每个成员都心平气和地交流、沟通，能够用恰当的方式表达自己的感受和需求。这样，家人之间才能互相感受到对方的爱和关心，增进彼此了解，每个人内心都充满温暖和力量。

沟通时，要注意就事论事，不翻旧账；用“我”表达代替指责；控制语气，避免冷嘲热讽；遇到问题时，先顾及对方的感受，互相理解和包容。

## 三、做好情绪管理

心理学上的“踢猫效应”告诉我们，负面情绪会形成恶性循环：一位父亲因为在公司受到老板的批评，心烦意乱地回到家，他看到孩子在沙发上跳来跳去，大动肝火，就把孩子骂了一顿。

孩子觉得不服、委屈，转身把气撒到家里的猫身上，狠狠地踹了猫一脚。猫一溜烟逃出家门，跑到路上。正巧一辆卡车经过，司机来不及避让，撞到旁边正在玩耍的小孩，酿成了事故。

负面情绪就像“多米诺骨牌”，一旦开始就会产生连锁反应。值得注意的是，这种情绪传染往往遵循着“自上而下”的规律——从家庭中地位较高的人传给地位较低的人，从强势的一方流向弱势的一方。

在快节奏的现代社会中，职场竞争、经济压力、突发状况、育儿难题等，这些就像一根紧绷的弦，稍不留神就会崩裂。

很多父母在吼完孩子后会立即感到后悔，很多夫妻间的争吵只是一时的情绪失控。发泄情绪只需一瞬间，但修复被伤害的感情却需要漫长的时间。

一个家庭中，只要有一个人长期处于情绪不稳定的状态，整个家庭氛围就会变得紧张、压抑，其他人也会不自觉地绷紧神经，无法做到真正放松，生活的乐趣也就这样被一点点消磨殆尽。

作为成年人，尤其是为人父母后，情绪管理是一堂必修课。提高自己的认知和自控能力，不仅能让自己更幸福，还能给整个家庭带来积极影响。具体可以从这几个方面着手：

首先，建立情绪缓冲带。不把工作压力带回家，学会找到合适的情绪发泄方法，比如听音乐、看电影、跑步、独处或与家人坦诚交流等。

其次，学会觉察自己的情绪。当情绪即将爆发时，给自己按下“暂停键”，深呼吸，思考情绪的来源，等冷静后再处理问题。

最后，提升内在安全感。通过持续学习和自我成长，提升面对生活的自信心和安全感，建立更稳定的心理状态。

真正的家庭“松弛感”，不是虚无缥缈的概念，而是每个家庭成员都能感受到的心理安全感和自在的状态。

# 64 如何找到人生的意义？

亲爱的，你是否曾在某个深夜辗转反侧，问自己：“我这一生，究竟为何而来？”

这个问题没有标准答案，因为人生的意义从来都不是被动发现的，而是主动创造的。它藏在你的每一次选择里，每一段探索的旅程中，甚至在你思考这个问题的瞬间——你已经踏上了寻找人生意义的道路。

你的人生，由你的选择定义。

有人说“选择比努力更重要”，但我想告诉你：能够做出选择，本身就是一种力量。

你可以选择过什么样的人生，结交什么样的朋友，进入怎样的圈子，从事什么样的工作。这些看似平常的决定，恰恰构成了你生命的底色。

比如，面对一份工作时，要不要接受？如何把它做到极致？这是选择。

而选择什么样的职业方向？走向怎样的人生道路？这是战略。

你的决策，决定了你将成为谁。

我常问自己一个问题：“在120岁离开这个世界时，我希望墓碑上刻下什么话？”

这个思考让我清醒——既然来到人间，就要活出最真实的自己，拓展认知的边界，寻找快乐的源泉，让这趟旅程尽兴且无憾。

如何让每一天都充满意义？

## 一、去体验，让生命写满故事

此生，你的体验只属于你。

在蒙古草原策马奔腾，在新疆果园品尝第一口哈密瓜的甘甜，在巴厘岛的海边任由风吹散烦恼……

世界是一本书，没有走出去的人好像只读了第一页。去尝试，去冒险，让你的回忆里装满传奇。

## 二、活在当下，深爱每一刻

人生最重要的时刻，永远是当下。

爱一个人时，就全情投入；做一件事时，就专注其中。

过去已逝，未来未至，唯有当下，是你真正能握住的。

## 三、选择主动，掌握人生主权

你选择成为什么样的人，过怎样的生活，每一天都由你说了算。

即使外界很嘈杂，但你的内心依然可以清醒而坚定。

真正的自由，不是没有约束，而是有能力选择自己的路。

亲爱的，别再等待“某一天”才去活出自己。

人生的意义不在远方，就在你此刻的选择里。

去创造，去开拓，去沉淀，当你主动把握每一个当下时，生命的每一天才会熠熠生辉。

记住：你，就是自己人生的作者。这支笔，始终在你手中。

# 第五篇 金钱关系

用对金钱，成为驾驭金钱关系的高手

真正的富有，是能让更多的人因你而受益

## 65 如何正确认识金钱及处理好和金钱的关系？

金钱的本质，自古以来就是促进人和人之间等价交换的媒介。它像一条流动的河流，从 A 流到 B，再流到 C, 流动得越顺畅，能量就越高，你能驾驭的财富就越多。而很少有人能意识到，对金钱的态度，本质上反映我们对自我价值的认知——你如何看待金钱，世界就会如何回应你。

马克·吐温说："你懂得使用，金钱就是好奴仆；你不懂得使用，它就变成了主人。"我常听身边的人说"不敢有钱""不想有钱""不知道怎么管钱"等，这些困扰背后，都源于我们没有正确认识金钱，没有处理好和金钱的关系。

挣不到钱的人通常有两种：一种是一直挣不到钱的人；另一种是挣到钱却守不住的人。

先说说第一种人。

人类最早的货币是贝壳、盐巴，后来变成金属、纸币，现在成了手机里的数字。但不管货币的形态如何变化，其本质始终是价值交换的媒介。就像河流需要流动才能滋养万物，金钱也需要在流动中创造价值。那些抱怨"钱难赚"的人，往往缺乏商业思维和方法论。他们忽视了一个真相：你专注的领域，就是金钱聚集的方向。

就像坐电梯到20楼，无论你在电梯里做什么动作，真正让你达到目的地的是电梯本身。

很多时候挣钱也是如此，挣不到钱跟你的方法无关，关键在于你没有跟上时代趋势。

21世纪90年代，开工厂、做房地产基本上都能挣到钱；后来互联网带来的红利让很多人挣到了钱。这本质上都是在时代洪流中捕捉价值流动的机遇。

我一直坚信：天道酬勤。只要你比别人勤快一点儿，认真一点儿，负责一点儿，在战略上多花一些时间，钱自然就离你更近。

所以，我认为天下没有挣不到钱的事，只有不想挣钱的人，我也的确是一个做什么都能挣到钱的人。

下面说一说另一种“挣到钱却守不住”的人。

这类人大多小时候受到过金钱“创伤”：偷钱后被骂“小偷”的孩子往往会把“钱 = 羞耻”刻进骨子里；从小被严格管控零花钱的女孩，长大后面对金钱容易陷入“失控焦虑”；等等。他们对金钱有罪恶感，觉得自己不配拥有财富。这些创伤不是原罪，需要被看到和疗愈。

金钱觉醒的三个方法：

### 1. 看透本质

钱不是衡量成功的标尺，而是实现价值的工具。它能为你所用，是实现价值的媒介。

### 2. 建立流动

金钱是连接人和人的管道，是一种能量交换。“金钱是最好的诚意”这句话道出了它的高级价值——在求学、创业、办事、连接贵人时，金钱就是诚意的体现。所以，要让钱流动起来创造更多的价值。

### 3. 修炼财富心智

我们要用“财富能量观”替代“金钱羞耻感”。当你能坦然接受每一笔收入、从容规划年度预算、自信地进行投资决策时，当你开始以“经营者”的心态看待金钱时，财富自然会向你靠近。

我们要正确地认识钱，大大方方地谈钱，坦坦荡荡地花钱，建立有序的财务管理系统，让金钱在健康的管道中流动。

## 66 如何成为驾驭金钱的高手？

要想成为驾驭金钱的高手，首先要正确认识钱的属性和用途。钱就是一种工具。

我建议每位女性都要建立三种收入渠道：安全收入（50%）、能力收入（35%）和兴趣收入（15%）。具体如何分配可以根据自己的实际情况调整。

第一种：安全收入。这是真正的“铁饭碗”，要符合“三不原则”——不惧失业、不畏疾病、不怕变故，说白了就是给自己打造一个“生命护盾”。这笔收入要能满足日常的家庭开销。

安全收入要往两个方向打造：被动收入和系统收入。被动收入如同养了一只会下蛋的“金鹅”，无须持续劳作即可自动运转，比如房租、理财收益、自媒体内容变现等。系统收入是指建立能持续运转的自动化公司体系，比如标准化服务流程，类似于“一次投入，终身受益”的那种。

第二种：能力收入。能力收入是指靠你身上的某种技能去赚钱。我有个朋友一伊，她既是资深操盘手，又拥有独特的视觉笔记技能，在把自身能力发挥到极致的同时，就拥有了财富。

第三种：兴趣收入。兴趣收入是指找到你喜欢做的事情，顺便赚钱，这才是人生赢家。比如，讲课是我的兴趣，我就可以通过经营个人品牌实现自己的兴趣收入。

但要注意一点，不要将兴趣变成消耗热情的陷阱。真正的兴趣变现，应满足三个核心条件——可持续性、成长性和利他性。

要想成为驾驭金钱的高手，你需要先和金钱做朋友，了解金钱的功能，掌握金钱的规则。真正的财务自由，是拥有选择的底气、投资自己的勇气、享受生活的能力。当我们学会与金钱共舞，跳出“追逐 - 匮乏”的恶性循环时，自然就走向了“创造 - 丰盛”的良性轨道。

驾驭金钱的高手

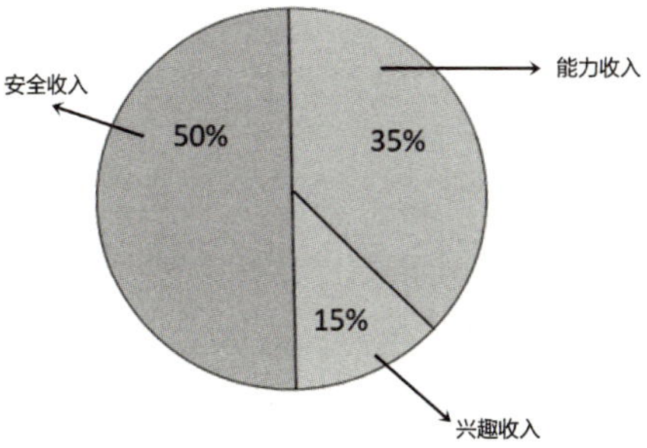


丽娴老师三种收入渠道图谱

尝试画出你的收入渠道图谱

# 67 究竟是什么卡住了我们的财富之路？

很多人都觉得赚钱难，仿佛被一道无形的屏障阻挡，难以突破财富的瓶颈。然而，在我创业的经历中，金钱却总是以轻松愉悦的方式来到我身边。所以，究竟是什么卡住了我们的财富之路？

## 一、限制性信念

其实，并非我们不会赚钱，而是我们不敢赚钱，甚至不想赚钱。这种“不敢”和“不想”往往源于深植于心的限制性信念。例如，有人觉得自己挣钱很辛苦，但仔细想想，这个观念是谁灌输给你的呢？你再仔细推敲一下，它真的成立吗？还是说它只是一种受观念影响的自我感觉？要知道，真正的财富源于热爱，而非压力。当我们从事自己热爱的事业时，赚钱的过程本身就是一种享受。很多时候，“辛苦”是因为我们花费大量时间在自己不喜欢的事情上。

因此，我们需要做的第一步是溯源，找到这些限制性信念的根源，了解它们是如何形成的。第二步是重塑，我们需要重新做出选择，构建新的信念。例如，你可以告诉自己："我热情澎湃地做自己喜欢的事情，财富自然就能来到我身边。"通过修正对金钱的认知，金钱会更自然而然地流向我们。

## 二、价值观的排序问题

很多人不是没有赚钱的能力，而是他们心中有比金钱更重要的事情。例如，有些人认为赚钱会消耗大量时间，即便渴望财富，也觉得自己的时间比赚钱更重要。最终，时间花在哪里，结果就在哪里。

当然，也有人会反问：“我很努力赚钱，为什么还是赚不到钱？”其中，主要原因有如下三个：

（1）方向不对。在错误的方向上，所有的努力都是徒劳。选择一个有前景、符合自身优势的领域至关重要。

（2）时间未到。很多时候，成功往往就在坚持的下一刻。很多人在黎明前放弃，错失了唾手可得的财富。我曾多次经历这样的情况，如果当初再坚持一下，就能收获成功，但却在关键时刻选择了放弃。

此外，每个人都应该设定一个明确的目标。这个目标必须是自己深思熟虑后设定的，并且要坚定地朝着目标前进，不达目的誓不罢休，这样自然就能实现财富的积累。

还有人问，为什么有的人能挣大钱，而有的人只能挣小钱？

这其实与一个人的愿力有关。每个人的愿力不同，有些人想做更大的事情，真心想帮助更多的人，自然能承载更多的财富。就像阿里巴巴喊出的口号“让天下没有难做的生意”，每个颠覆行业的人都在推动社会的进步。我们业内有句话：你都愿意为老天工作了，老天怎么会不打赏你？即便遇到质疑，你也要稳住心态，坚定信念。记住，你所做的一切都是为了自己，不要因为别人的声音动摇自己的追求。

就像我写这本书，初心是把滋养我富足人生的密码分享出来，希望它成为点亮女性的一盏灯。当我朝着这个方向走，坚持做难而正确的事时，结果自然会来。

（3）与父母的关系。说到财富，还要注意与父母的关系。心理学上有种说法：和妈妈的关系好，亲密关系就会好；和父亲的关系好，财富关系就会很好。所以，你也要问问自己：我和原生家庭的关系怎么样？

如果你想让财富“不请自来”，就不要以钱为目标，而要以成就多少人、做多大的事为目标。同时，要打开格局，破除限制性信念，经营好生命中那些非常重要的关系。

## 68 有通往财富之路的“秘密武器”吗?

很多人好奇，为什么我跟财富的关系那么好，年轻的时候就实现了财富自由。事实上，财富的获得与运气、机遇、人脉关系、时代、环境等诸多因素有关，因人而异，因项目而异，因时代而异，很难说有快速创富的捷径或者密码。

但在这里，我想和大家分享一个对我来说非常重要的因素：人脉关系。

“单枪匹马”的时代早已过去，任何事业的成功，都离不开众人的智慧与力量。唯有合作、共赢，将身边一切可团结的力量凝聚起来，财富之路才会越走越开阔。这也是我写这本书的原因——从“关系”入手，告诉大家经营好关系的重要性。

一个人如果和身边人的关系都很好，说明他的内核很稳定，在家庭、事业、人际交往上都能赢得人心，这样的人自然具有“吸金”体质。那么，到底应该怎样去积累和梳理自己的人脉，打造自己的“金贵关系”呢?

金贵关系，不一定是指一定要和权贵或者有钱人交往。在我看来，那些在你生命中真正能给予你帮助的人，都是你的贵人。

（1）你想靠近的大佬、师长。对待他们，要做到足够的“敬”——尊敬，用他们需要的方式支持他们。很多时候，大佬并不缺钱，他们在意的是你的尊重和支持。

比如，当初我想和剽悍一只猫老师学习，他的《一年顶十年》一书刚上市，我直接买了 300 本。我很清楚，诚意 = 成本。后来，在他的知识星球打榜的时候，我带着战队冲榜；加入他的“私塾”后，我总是主动成为班级赞助人；逢年过节，我也会第一时间送上问候或者精心挑选的礼物，让老师感受到我的敬意。

（2）同行、客户和同学，为什么说他们是我的贵人？“三人行，必有我师”，他们的经历让我看到人生的更多可能性。和这类贵人交往，关键在于加强连接和合作。

我非常感恩客户多年来对我的信任，也非常珍惜在学习和成长的道路上结交的同学和朋友。我会记录他们的生日，定期送上祝福或者礼物。

比如，我的朋友一伊，她是一位很厉害的发售操盘手。她来深圳创业时，我立刻用自己的资源帮她搞定房子、办公室和搬家事宜。在这个过程中，我们的关系更紧密了。这本书的完成，也离不开她的鼓励和督促。

（3）家人和同事，为什么说他们也是我的贵人？如果没有他们无条件的支持，我很难做到每个月至少 3 天外出学习，也很难持续保持向上学习的动力。

比如，我美容会所的店长，她能力超强、执行力一流，有她管理业务，我很放心，才能放心去追求更大的事业。

（4）我的学生，我特别感恩那些愿意追随我学习的人。正是他们的出现，让我清晰地找到自己的使命，也让我在“老师”这个角色上更有底气和自信。

（5）那些默默支持我的人，比如小区的保安、快递小哥。广东有大年初一和开工初八发红包的习俗，我和爱人每年都会亲自给小区的保安、保洁发红包。事实上，这些人在我们看不见的地方，帮了我们很多。

通往财富的路上，关键不在于你有多在意金钱，而在于你是否真正珍惜那些比金钱更重要的财富。

## 69 省钱思维和投资思维的区别在哪里？

省钱思维，是指用对了场景，省钱就是最隐蔽的投资。

投资思维，就是用未来的眼光审视当下的选择，让每一分钱都成为未来的盟友。

女生最不应该省钱的三件事：①学习和成长；②形象与气质的培养；③健康。千万不要在最该投资自己的年龄选择省钱，错过了记忆最好、风华正茂的时光。

我鼓励女性存钱，而不是盲目省钱。真正的高手都懂得拉长时间维度来看待金钱。人们常说“该省省，该花花”，就是指在物欲横飞的年代，学会在对的事情上做对的消费选择，关键是要根据自己的实际收入建立合适的消费习惯。

以我自己为例，80% 的钱在花掉之前，我都会深思熟虑：这笔支出是否值得？是否能为我带来更大的价值？对我来说，花钱等同于投资。例如，买食物时，我会评估这些食物对身体是否有益。如果这些食物只是满足口腹之欲而没有营养，那就只是消费，不是投资。

我家装修时的预算很大，我就跟老公说：能不能把每笔钱都变成投资？比如，和供应商建立长期合作关系；把装修过程和使用的材料拍成短视频并发布到平台，说不定以后能带货，诸如此类的事情都能储存商业价值。

我选产品时从不追求最低价格，而是看重品质，因为好东西能用 10 年、20 年。我希望花的钱最终都能产生收益，许多装修供应商后来都加入我的读书会或其他项目，实现了资源共享和互利共赢。

在经营美容会所时，我常与客户讨论美容投资。你要把钱花在自己身上，而不是别人身上，这是一种智慧。比如，你做一个抗衰老项目，皮肤变好了，看起来更年轻了，心情自然会更好，这对你的事业和婚姻关系都有积极影响。

我认为世界上最值得投资的三件事：健康、关系和时间。健康是一切的基础，永远不要在健康上省钱。在关系中，你投入什么就会收获什么。你的时间就是你的生命，要懂得让自己的时间更值钱。

投资思维，是一种深刻的自我觉察。它要求我们不断反思消费习惯，审视价值观，并做出明智的选择。这才是通往财富自由的必经之路。

# 70 投资的最高艺术是什么?

投资自己。

在我看来，在人生的长河里，没有什么比投资自己的回报率更高了。投资自己的健康、人脉关系、学习和成长，最终拥有富足的人生。真正的投资艺术在于，让自己活得更加松弛、喜悦、通透与幸福。

## 一、投资健康

健康是所有投资的基础。保持好心态、坚持运动、合理饮食、充足睡眠都是我们的必修课。让自己保持健康、气色饱满是第一要务，用健康换取物质利益，不值得。健康是我们最重要的财富，也是最容易被忽视的。比如，我会在自己的能力范围内尽可能采购新鲜食材、有机蔬菜，尽量确保吃进去的食物是安全、卫生的。

## 二、投资人脉关系

真正的“好风水”就在你身边。投资人脉关系，让他们成为你的贵人，为你提供滋养的支持系统和激励系统。支持系统包括家人、团队、合作伙伴，他们是你坚实的后盾。激励系统是指良师和积极向上的圈子，他们是你前进的动力。

## 三、投资学习和成长

不要把自己困在知识“茧房”里，要主动开拓获取信息和知识的渠道，持续打造自己的成长模型，不断向上突破。

这些年，我在学习和成长上投入了上百万元。这些投资不仅让我保持健康的身体，还获得了与时俱进的认知和积极向上的圈子，给了我极大的滋养。现在的我真正有能力选择自己想要的生活，敢于和不想做、消耗自己的事情说“不”。

与其说投资自己是一门艺术，不如说有能力过自己想要的生活才是真正的艺术。让自己变得值钱才是最好的商业模式。

# 71 职场修炼中如何得到“炼金术”？

大学毕业后，我从一家公司的前台做起，没多久就晋升为董事长助理。记得当时我的工资才2200元，但我舍得给自己买上千元的定制西装，每周做两次专业的头发护理，还自费报名商务礼仪的课程。这种对专业形象的执着，让我收获了职场第一课：用视觉形象构建专业壁垒。

很多人觉得前台工作简单重复，我却把它当成重要的舞台。我用心接待每一位来访者，细心处理每一项事务，力求做到极致贴心和超乎预期。很快，我的努力被老板看在眼里，他觉得我举止得体，做事靠谱。后来，我不但得到了晋升机会，还持续受到重视。当你总能比别人多想一步时，机会自然会找上门来。

我曾把公司年报表做成年度日历，标注每个项目的关键节点，这份“超纲服务”让老板对我刮目相看；记住所有同事的生日，中秋节给保洁阿姨送定制月饼，这种非职权影响力比加班更有效。这些经历让我收获了职场升职第二课：让自己成为无法被忽视的存在。

职场不是战场，而是道场，是修炼自我、成就价值的修行之地。在职场中，关键在于让自己变得无可替代，让老板依赖你，让自己拥有他人无法复制的价值。

有人因选对职业、跟对老板、遇到贵人而快速成长，但这因人而异，因机遇而异。我观察到，身边的职场成功人士大多符合以下几种情况。

（1）选对平台：借助优秀企业练就本领，如识人用人、战略规划，实现快速晋升。

（2）遇到贵人：抓住机遇，获得贵人提携或投资，从而实现创业成功。

（3）积累资源：利用平台资源获取行业头部信息，为自己的第二曲线获得机遇。

如果你想在职场练就属于自己的“炼金术”，必须做好规划和战略，不能像机器一样为每天“朝九晚五”的打卡而活。同时大学毕业的人，五年后他们的差距就会非常明显。

如何炼就职场“炼金术”？我总结了三个核心策略。

（1）经营人脉：处理好与上级、下级、同事的关系。每个人都是资源中心，关键在于你是否具备经营人际关系的能力。人脉不是你利用了多少人，而是你帮助了多少人。不要忽略人际关系在你生命中的重要性。

（2）广结善缘：做个有心人，善于发现和把握机会。在职场中，你不仅要抓住好项目和合作关系，还要让自己的核心能力出众，怀才还要能遇。

（3）明确规划：做好职业规划，设定职场目标，要知道自己在职场中的位置和未来的去向。你不仅要能从职场中获得稳定的收入，还要思考如何实现价值最大化，将成长性思维发挥到极致。

工作的第二年，我就晋升为管理部总监。那时，我的目标非常明确：工作不仅是谋生的手段，还是探索我能成为谁的过程。

职场是一场自我超越的修行，需要持续精进，更需要清晰的目标、坚定的信念和强大的内心。你的努力，终将成就更好的自己。

# 72 如何把送礼这件事变得高级？

送礼看似简单，实则是一门艺术。它不仅是物质的传递，还是心意的表达和情感的联结。

心意，是礼物的灵魂所在。

从挑选礼物的那一刻起，你的心意就已开始流淌。思考对方真正需要什么、渴望什么，这种思考本身就体现了一种重视和关怀。

有些人或许会觉得这种思考很麻烦，而懒得费心思，但偷懒并不可怕，可怕的是不敢承认自己偷懒。只有正视自己的不足，你才能真正用心改进。对我而言，送礼本身就是一种自我表达。当我精心挑选礼物时，我的心意已经融入其中。无论对方是否接受，我都会坦然放下，因为我知道自己在挑选礼物时已经对得起这份心意了。

让送礼变得高级的两个秘诀。

## 一、赠人所无：定制专属，彰显独特

很多时候，物质丰裕的人往往更渴望精神上的满足。他们或许拥有无数昂贵的物品，却少有真正属于自己的定制之物。

比如，我会用心收集朋友在朋友圈分享的照片，将它们制作成独一无二的相框相赠。

当你真正重视一个人时，自然会了解他的喜好，关心他所关心的事物。这份细致的观察与体贴，才是最珍贵的礼物。

## 二、赋予意义：情意绵绵，价值倍增

很多人不缺礼物，但美好的寓意能赋予礼物独一无二的价值，让它在众多礼物中脱颖而出。

例如，送口红的寓意是“祝你口碑红红火火”；送杯子的寓意是“希望我们的友谊是一辈子的”；送巧克力时附上一段祝福语“希望你一辈子甜甜蜜蜜，也希望你想到我时，能感受到生活中的一丝甜蜜”；送护手霜像在轻声诉说“希望你的双手白白嫩嫩，一辈子都不用干粗活”。

这些充满美好寓意的礼物，不仅能让对方感受到你的用心，还能让这份礼物变得更加高级和珍贵。

送礼是一门艺术，更是一种生活态度。

每一份礼物都是心意的载体，情感的见证。你只有用心挑选礼物，用巧思赋予礼物独特的意义，它才能成为充满爱与祝福的艺术品，传递你最真挚的情感。

# 73 如何判断值得深交的关系？

人生很短暂，能真正走进我们生命的人并不多。判断值得深交的关系，就像挑西瓜——不能只看表面纹路，还得听声音和试手感。这里有几种接地气的判断方法。

（1）相处时如穿拖鞋一样自在：能素颜吃路边摊，也能聊到凌晨三点，不用假装高级人设，分开后不会让人觉得累。比如，和“真朋友”吃火锅，油溅到衣服上一起笑；和“塑料朋友”吃西餐，刀叉碰出声都紧张。

真正的好关系不是你风光得意时的锦上添花，而是你失落、无助甚至低谷时的雪中送炭。

（2）不要把期待寄托在对方身上：不要把自己的诉求或者期待寄托在对方身上，要建立清晰的边界，不做索取者或消耗者，而是做彼此人生的陪伴师和鼓励师。

（3）经得起利益考验：用钱衡量关系很实际，第一，你愿意付费请教的人，值得深交；第二，愿意为你付费的人，要珍惜；第三，能互相借钱并守信的人，视如亲人。经济上的共赢能让关系更稳固。双方互相滋养，利用资源和能力进行协作，放大彼此的优势。

真正好的关系像煲汤——小火慢炖才出味，急着生死与共的关系反而要警惕。好的关系经得起冷藏，不会轻易变质。

# 74 如何把握人与人之间相处的“度”？

你有没有这样的时刻：想和一个人亲近，却又害怕用力过猛？想表达自己的需求，又担心给别人带来负担？接触过我的人都说我擅长处理人际关系，将交往的分寸拿捏得恰到好处。其实，这并非天赋，而是后天不断学习和实践的结果，关键是在关系中找到那个让彼此都舒服的“度”。

## 秘籍一：换位思考，读懂对方的“潜台词”

这是很重要的一点。以前我总觉得自己很匮乏，需要特别的爱和认可来证明我的价值，后来我学会站在对方的角度理解他们的需求，设身处地地为对方考虑。

就像我当学生时，最渴望老师的关注、认可和理解。所以，在我成为老师后，我会特别留意每个学生的特点和需求，给学生特殊的照顾、爱与重视。通过不断换位思考，我渐渐明白哪些话该说、哪些事该做、哪些界限不能跨越，这样才能真正走进对方的心里，建立真诚而有意义的连接。

## 秘籍二：熟读《人性的弱点》，掌握社交的“底层逻辑”

这是一本解析人性、相处之道的经典之作。这本书就像一本“社交宝典”，它揭示了人性的共通之处，可以帮助我们更好地理解自己和他人。我经常会把书中的理念运用到生活中。在与人交往时，我会思考：对方的言行背后隐藏着怎样的心理需求？我可以用书中的哪些原则更好地回应对方？如何用真诚和尊重赢得对方的信任和好感？在每次与人交流时，我会思考对方的需求和心理状态，试图找出与书中对应的点，并认真倾听他们的想法与感受。这不仅能让对方感受到被重视，还能增强彼此之间的信任感。

通过将书中的理念运用到生活中，我逐渐掌握了与人相处的艺术，学会如何在不同的场合中把握分寸，这样既能表达自己的观点，又能尊重他人的感受。

### 秘籍三：建立健康的界限，保护自己与他人

我们需要明确自己的底线，同时尊重他人的界限。在交往中，适时地表达自己的需求和感受，能够有效避免误解和冲突。例如，在工作中，如果你觉得某项任务超出了自己的能力范围，就可以坦诚地与同事沟通，而不是默默承受压力。这样的沟通不仅能保护自己的心理健康，还能让同事理解你的立场，从而建立更加和谐的合作关系。

人际关系是一门需要不断学习和修炼的艺术。掌握好人与人之间相处的“度”，你才能在滋养自己的同时让对方感到舒适和愉悦，也能在关系中找到更完整的自己。

## 75 创业有什么可复制的法门?

商业的本质是买卖，但真正的好生意一定是利国利民，创造并传递价值的。一种成功的创业模式，必须具有可复制、可积累、可传播的特性。

我见过太多盲目开店的人，其实他们并不是真正想做生意，而是抱着“做点什么都比打工强”的心态入局。他们从未思考过：爆款产品是什么？客户从哪里来？好像只要开门营业，顾客就会自动上门一样。这种没有思考的行动，注定会失败。

### 一、核心产品，非你不可

做生意首先要思考：自己有没有让顾客非买不可的核心产品？

做生意，要么做第一，要么做唯一，如果两者都不具备，至少要找到产品的差异化优势。打造爆款的关键是，让客户一看到产品就想到你。就像我创办美容会所时，目标就是做深圳观澜最好的。

### 二、渠道销售，精准触达

商业认知的核心在于，能否有效拉动销售。我销售产品从不针对一个人，而是锁定特定的人群。

（1）同类型人群：比如，将包卖给一位气质出众的女性，实际上是在向整个高知女性群体销售。如果她喜欢，她的同类人群有可能也会喜欢。所以，我会重点研究这类人群的喜好和需求。

（2）枢纽型人物：比如，种草达人，他们背后都拥有一群忠实粉丝，卖给他们中的一个人就等于卖给了上百人。

（3）团队协作，复制成功。做商业不能单打独斗，比如卖包的案例，关键是要复制人才。我会培养出很多个“丽娴”，总结出一套可复制的方法论，实现规模化销售。当年做社交电商时，我在短时间内搭建了自己的王牌团队，8个月做到1500万元的战绩，靠的就是可持续发展的人才培训系统和完善的方法论。

商业逻辑是相通的，无论是卖茶叶还是卖凳子，销售的本质是一致的。当企业能组建专业的销售团队时，增长是水到渠成的事。

创业取得成功需要考虑的因素很多，但并不是无迹可寻的。切记不可盲目创业，要不断调整优化：从对标模仿、拆解学习到建立自己的标准，最后实现创新突破。

创业是一件了不起的事情。在这里，我要向所有的创业者和创业团队致敬。

## 76 如何做到“松弛感式创业”？

“松弛感式创业”是一门艺术。

创业就像中国水墨画，重要的不是浓墨重彩的瞬间，而是留白的智慧。当你学会用10%的失控换取90%的精准，用20%的混沌催化80%的秩序时，创业就不再是件苦差事，而是成为庖丁解牛般的艺术。

很多人好奇，在这些年的创业道路上，为什么我能保持一种轻盈松弛的状态，而不像其他创业者那样疲惫不堪。其实，这关键在于你要懂得取舍和放权。

很多创业者事必躬亲，把所有的事情都抓在自己手里，结果自己越走越累，团队在掌控中也很难发挥作用。

在创业过程中，我会明确自己的位置，把重要内容分板块，一部分交给团队，另一部分由自己把关。具体做法如下：

### 一、专业的事情交给专业的人

公司经营涉及四大板块：营销策划、客户管理、财务管理、产品研发。我只负责擅长的营销策划，其他如产品研发等就交给专业团队。比如，将财务管理交给专人打理，我只提需求，怎么做是她的事情。创业者不必样样精通，如果你去管不擅长的事，反而会被员工笑话。

## 二、会分钱但更擅长分责

美容会所有专门的职业经理人和店长，她们承担相应的责任和业绩目标，同时享受相应的分红。幸福慧团队里文静的线下执行力特别强，每次举办线下活动时我都把关键词给到她，让她负责方案并跟我对接，这样我就拥有更多时间钻研更重要的事。

## 三、要关注自己的身份

我从来不觉得老板的身份高贵或者意味着更多自由，老板只是一个工种名称，不代表身份高人一等。另外，关键你要认清自己是技术型、营销型，还是关系型，只有自己定位清晰了，员工才会把你当榜样。

如果你什么都管却抓不住重点，员工就会质疑你的能力，反而更难管理好团队。

## 四、留白的艺术

公司里，我有独立的办公室。公司会定期举办美食日、生日会、下午茶会、团建等，这些文化建设会让员工感到更快乐、更享受，也能让我更好地推进工作。

最后，要问问自己：为什么创业？

很多人误以为焦虑是动力，其实松弛才是可持续的燃料。有人为赚钱，有人为自由，而我是出于热爱。从模仿到创造，再到创新；从好奇尝试到经历失败，最终达到松弛状态，这需要一个自然的成长周期。

## 77 创业过程中如何给团队分钱？

在创业过程中，利润的合理分配不仅关乎团队的士气，还直接影响公司的可持续发展。在不同的创业阶段，分钱模式也因时而变。下面我分享的内容，特别适合现在很流行的项目合作制。

未来，“1 人公司”会越来越多，项目合作制将成为主流。当一个新项目启动时，我们需要不同专业能力的人来组建团队，在合作中共创价值。

我的分钱原则有如下三个。

（1）进 4 出 6 原则：项目收入到账后，40% 用于创业预留、人脉关系的投资及正常事务的运作；60% 分给团队。这样大家才更愿意在之后的工作中全力以赴，因为每个人都在为自己奋斗。

（2）按能力和责任分配：“能者多劳”“多劳多得”，就是指在项目中要根据个人的能力和承担的责任分配利润。报酬必须和结果挂钩，否则做得好的人会感到失望，干得不好的人会被惯坏。

（3）设定目标：每年年初我都会和团队聊聊新一年的目标，这个目标不仅包括公司的业绩目标，还包括他们个人的收获目标。

深度了解他们的需求和目标，能更有效地激发他们的动力和激活他们的梦想，也会让他们在项目进行过程中感受到目标感和价值感。

只有大大方方地谈钱，坦坦荡荡地分钱，才能让员工感到更幸福，让团队的工作效率更高效，让自己也更有价值感。公司只有保持良好的利益共享，才能让创业项目更顺畅地运作下去。

## 78 如何拥有心想事成的“超级法宝”？

心想事成的“超级法宝”很简单，那就是：活成“喜悦”本身。

15 年的心理学实践经验告诉我，当一个人具有喜悦的状态时，能量会变得很高。金钱喜欢能量高的人，好运也喜欢能量高的人。你可能会问：具体该怎么做?

以我的“曾好私塾”为例，2024 年创办时它的定价为 12.8 万元，使命是帮助女性变得更优秀、更珍贵、更富足，一发布就有 8 位学员加入。这背后的关键点有以下三个。

（1）足够相信：你要深信自己本就美好，值得拥有世间最美好的人和事物。作为老师，我坚信自己有足够的能力和条件帮助更多女性成长，在这件事情上我就是一名权威专家和优秀老师。当你内心充满自信时，恐惧自然就会消失。

（2）足够强大的愿力：我始终坚信自己的使命是帮助更多女性获得绽放的人生，这份愿力让我坚定不移地走下去。同时，我善用身边的资源，包括祖先的智慧和世界赋予我的力量。

（3）足够想要：“想要”和“需要”是两回事。我做这件事不是为了证明自己很厉害或者多完美。当你真正渴望某件事时，全世界都会为你让路。

每个人都具有心想事成的能力，重点是你有没有付诸行动，践行这个法则。

# 后记

## 你很好，这是生命的真相

作为一名从深圳某村走出来的女孩，目前我生活的各个维度都感到比较圆满：家风宽厚，夫妻和谐，孩子们茁壮成长，财务状况良好，有很多可以托付的朋友，也在自我实现的路上稳步前行。

这本书凝聚了我从女孩到成熟女性的成长智慧，每一页记录的都是我在家庭、工作和生活中真实面对并解决的难题。这些经验不是“纸上谈兵”的理论，而是经过生活淬炼的实用智慧。

亲爱的读者，当你翻开这本书时，我相信其中总有一些话能触动你的心弦，总有一些方法能点亮你前行的路。因为我们都一样，在追求幸福、圆满人生的道路上，需要彼此照亮。

## 幸福行动篇：

我把那些日常积累的能够滋养自己的幸福小行动整理成一份简单可操作的方法，希望今天的你可以幸福多一点儿。

（1）快乐文化：每天听一个段子或者给身边重要的人讲一个笑话，你也会因此获得多一分的快乐。

（2）早餐文化：不管是一个人还是一家人，专心享受20分钟的早餐时光。你会发现，这样一整天的能量都很高。

（3）生日文化：生日是专属的节日，代表你来到这个世界上很受欢迎，这一天应该与众不同。记录身边重要的人的生日，并准时送上祝福和礼物。

（4）家书文化：手写信如今是非常珍贵的礼物，试着给你重要的人写信并亲手递给他。相信我，看信时他所感受到的那份爱的流动，带来的那份温暖无可替代。

（5）“很妙”文化：每天试着做一件滋养自己的事情，哪怕就是给身边的人一句鼓励。此刻，我就想跟你说：亲爱的读者，感谢你读到这里。

## 通透思考篇：

（1）关系 > 情绪：当你真正明白，你在乎的是人和人之间的关系时，你就会放下情绪，让关系朝着好的方向前进。

（2）不思考 = 白干：今天你复盘了吗？今天有没有比昨天进步一点儿？

（3）503515 法则：今天你有收入进账吗？是不是安全收入是 50%，能力收入是 35%，兴趣收入是 15%？

（4）愿力≠想要：愿力是融合了意愿、信念与持续行动的精神动能，当一个人真正拥有大的愿力时，他的人生会变得非比寻常。请思考一下，你在世上的愿力是什么？

（5）终极回答：如果你在 120 岁时离开世间，你的墓志铭会写什么？

# 致谢名单

人生上半场，在做自己的路上感谢有你们。

感谢我的父母给了我此生最大的底气。

感谢一直默默陪伴我的爱人，让我学会关系比情绪更重要。

感谢三个小可爱，你们是妈妈生命中最重要的礼物。

感谢杰夫·艾伦老师，启发我开启对心理学的探索之路。

感谢“人与人心理学”冯志德老师，让我开始察觉自己。

感谢剽悍一只猫老师，让我在深度影响女性的道路上永不止步。

感谢成甲老师，让我有勇气用自己喜欢的方式过一生。

感谢图书策划总顾问老秦，给我提供超级创意，让这本书更美、更妙。

感谢图书营销顾问一伊，陪伴我写下此书且努力让这本书大卖。

感谢图书编辑滕滕，一路给我支持和鼓励，让这本书顺利出版。

感谢幸福慧团队的文静、荔枝、小彤、文婷。

感谢剽悍通透私塾的孙小米、奕晴、娜一姐、米瑟、洛柒、陆静丹、燕晓娜、王子冯、李赛男、猪先生、曾雨悦、常慧、李超满、游侠、高太爷、思莉校长、方子静、晴山、群妃、一芳、易兴、孟慧歌、孔蓓、释予欣、姜西贝、章今爱、李玲、婷宝、星玥、烁妹、宴儿姐、缘起、桂明理、彭芳、小瑞、海浪、周涓、阳一冰、圣捷、张学怡、李开心、丁丁、朱玲、旺田。

感谢我的亲学生：罗闵、灵笙、慕夏、向琴、小丽、位宛瞳、张美丽、小彦。

感谢我的挚友：曾玉红、罗燕萍、王榕、黄定红、柏玲、南宫北、杨敏菲、六哥、杨雨蓓。

感谢所有陪伴我成长与正在看本书的你。